菜根谭译注

（明）洪应明 著
乔克 译注

北京联合出版公司
Beijing United Publishing Co.,Ltd.

目录

前　言

成书于明万历年间的《菜根谭》，文句短小隽永，意味发人深思，甫一问世，就受到无数文人雅士和大众的喜爱。四百多年来，流传甚广，经久不衰，获得了高度的认可。古人云："性定菜根香。"一代伟人毛泽东曾说："嚼得菜根，百事可做。"

关于《菜根谭》（又作《菜根谈》）书名的由来，历来有多种说法，有人认为出自宋朝朱熹："某观今人因不能咬菜根，而至于违其本心者众矣，可不戒哉！"有人则认为来源于清代三山病夫通理"夫菜根，弃物也，而其香非性定者莫知"的说法；而明代于孔兼在《菜根谭题词》中说道："谭以'菜根'名，固自清苦历练中来，亦自栽培灌溉里得，其颠顿风波、备尝险阻可想矣。"凡此种种，都有一定的道理，考诸是书内容，大致也不离作者之本意。

至于本书的作者，一标洪自诚著，一标洪应明著。据《四库全书总目提要》卷二十八对小说家存目《仙佛奇踪》的作者洪应明介绍："应明字自诚，号还初道人，其里贯未详。"推知洪自诚应是洪应明。此人其名虽不著于当世，但同辈中于孔兼、袁了凡等却在他们的作品中对洪氏推崇有加。

于孔兼《明史》有传，离仕后闭门写作，袁了凡逃儒归释，著有《了凡四训》，从两人都耽于禅学的情况来看，洪应明极可能是一位不求闻达的隐士。除《菜根谭》外，他还著有《联瑾》《樵谈》《笔畴》《传家宝》等书，可惜都已失传。

《菜根谭》一书虽然篇幅短小，但内容却极为丰富，融儒、释、道三家思想于一体。所以，在本书中，读者既能体会到作者“天地有万古，此身不再得”的积极进取的精神；又能体会到“宠辱不惊，闲看庭前花开花落；去留无意，漫随天外云卷云舒”的那一份洒脱；最令人印象深刻的是作者对“心性”“心灵”“本心”“真心”等问题的阐发，倡导了一种悲天悯人、普度众生、透彻禅机的超脱境界。这或许与作者身处乱世，愤激于时局，又急切在禅学那里寻求心灵安顿有关吧！

本书以岳麓书社《菜根谭全编》（李伟编注）为底本，同时参照中华书局《菜根谭》（插图本），在此基础上对这部智慧全集进行了重新整理编排，分为修身、为人、处世、闲适等篇目，以期能帮助读者有全局上的把握，并对各篇格言警句逐一给出注释和译文。译文除了传统意义上的“译”，也有引导理解的“释”，乃是二者相结合之义。

由于编者才学有限，书中疏漏和不当之处在所难免，恳请读者朋友批评指正！

乔　克

2013 年 7 月

修身

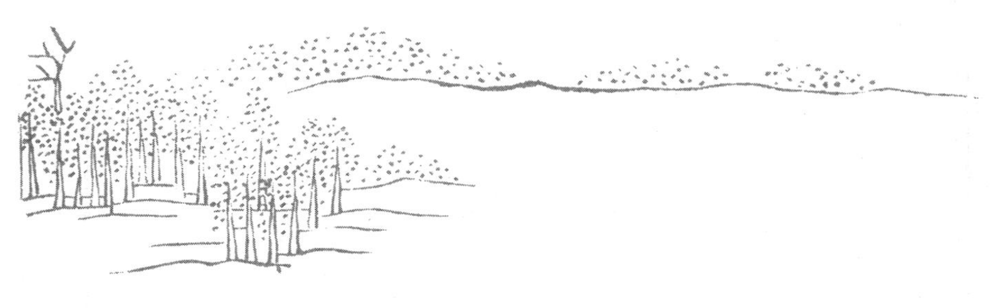

所谓“不经一番寒彻骨，怎得梅花扑鼻香”“只要功夫深，铁杵磨成针”，古人很早就告诉后人：要想成就大事，必须在艰苦的环境中磨炼出坚强的意志。《菜根谭》亦劝告人们：为人为学，根底上要有高洁的志向和品行，为此须在日常生活中时时提醒自己、磨炼自己，做到“金须百炼，矢不轻发”。

一

君子之心事，天青日白[①]，不可使人不知；君子之才华，玉韫珠藏[②]，不可使人易知。

注释

①天青日白：比喻君子的胸怀应光明磊落，让人一下就能感知到。

②玉韫珠藏：语出《论语·子罕》："有美玉于斯，韫匮而藏诸？求善贾而沽诸？"韫，珍藏。

译文

一个品行纯良的君子，他的心地应像青天白日一样光明，没有什么不可告人的事；一个根底深厚的君子，他的才华应像美玉珍珠一般敛藏，不能轻易让人知道。

二

天地寂然不动[①]，而气机无息少停[②]；日月昼夜奔驰，而贞明万古不易[③]。故君子闲时要有吃紧的心思[④]，忙处要有悠闲的趣味。

注释

①寂然：宁静。白居易《偶作二首》："寂然无他念，但对一炉香。"

②气机：指大自然有规律的运行。气，中国古代重要的思想概念，认为世间万物皆由"气"构成。机，泛指宇宙的活动。

③贞明：指太阳和月亮永恒的光辉。贞，正。

④吃紧：宋明时代的口头语，即紧迫、抓紧。

译文

天地好似无声无息不动，其实大自然无时无刻不在运行。日月昼夜更替，而日月的光辉却永恒不变。所以君子闲暇时要有紧迫感，忙碌时要忙里偷闲，享受悠闲的乐趣。

三

完名美节[①]，不宜独任[②]，分些与人，可以远害全身[③]；辱行污名[④]，不宜全推，引些归己，可以韬光养德[⑤]。

注释

①完名美节：完美的名声和节操。

②任：承担、占有。

③远害全身：远离祸患，保全性命。

④辱行污名：耻辱的行为，卑污的名声。

⑤韬光：掩盖光泽，比喻掩饰自己的才华。韬，本义是剑鞘，后引申为掩藏。光，光华，指才华。成语有“韬光养晦”。养德：修养品德，据诸葛亮《诫子书》：“静以修身，俭以养德。”

译文

完美的名声和节操，不要一人独占，分一些给他人，可以避免引起他人的忌恨，从而能远离灾祸，保全自身性命；耻辱的行为和名声，不可完全推给别人，自己主动承担几分，则可以用来韬光养晦，修养品德。

四

事事要留个有余不尽的意思[①]，便造物不能忌我[②]，鬼神不能损我。若业必求满，功必求盈者，不生内变，必招外忧[③]。

注释

①有余不尽：有所保留，不使穷尽。

②造物：即“造物主”，指创造天地万物的神。语出《庄子·大宗师》：“伟哉！夫造物者将以予为此拘拘也。”

③外忧：外来的攻讦、怨恨。

译文

做任何事都要留有余地，这样的话，即使是造物主也不会忌恨我，鬼神也不会伤害我。如果任何事情都要求尽善尽美，一切功业都想达到圆满，即使不为此而发生内乱，也必然会招致外人的攻击和怨恨。

五

攻人之恶毋太严，要思其堪受[①]；教人以善毋过高，当使其可从[②]。

注释

①堪受：能够接受。

②从：跟随，效仿。这里是接受的意思。

译文

指责别人的缺点时，不可太严厉，要考虑到对方能够承受的程度；教导别人行善时，不可期望过高，要使对方能够接受。

六

攲器以满覆[①]，扑满以空全[②]。故君子宁居无，不居有；宁处缺，不处完。

注释

①欹qī器：古代用来汲水的一种巧器，水半满罐身自动扶正，水稍满则极易倾覆。古人常置此于座旁，以戒自满。欹，不正。

②扑满：古时用来存零钱的陶罐，无出口，所以钱蓄满后需将其砸碎以取钱。

译文

欹器因为装满水才会倾覆，扑满则由于还未被填满才得以保持完整。所以君子宁愿无争无为，也不要有争有夺；宁愿自身有些缺点，也不要求做道德完美无缺的圣人。

七

十语九中未必称奇，一语不中，则愆尤骈集[①]；十谋九成未必归功，一谋不成则訾议丛兴[②]。君子所以宁默毋躁、宁拙毋巧。

注释

①愆qiān尤：过失，罪过。骈pián集：丛集。

②訾zǐ议：指责诋毁之辞。

译文

十句话中有九句话都说得很好，别人不一定称赞你为奇才，但是假如你说错了一句话，反而会接连受到别人的指责；十次计谋有九次成功，别人也未必归功于你，可是只要有一次失败，埋怨和责难之声就会纷纷扑来。所以君子宁肯保持沉默寡言的态度，也不愿急躁冒进；做事宁可显得笨拙，也不急于表现自己才能出众。

八

闲中不放过，忙处有受用①；静中不落空，动处有受用；暗中不欺隐②，明处有受用。

注释

①受用：受益，得到好处。语出《朱子全书》："认得圣贤本意，道义实体不外此心，便自有受用处耳。"

②欺隐：欺骗，隐瞒。

译文

闲暇之时不轻易放过宝贵的时光，等到忙碌之时就会感到受用无穷；安静之时不忘充实自己，行动之时就会感到踏实；在无人知晓时心地坦然，不自欺，在众人面前就会落落大方。

九

澹泊之士[1]，必为浓艳者所疑[2]；检饬之人[3]，多为放肆者所忌[4]。君子处此，固不可少变其操履[5]，亦不可太露其锋芒。

注释

①澹泊：清静寡欲。
②浓艳者：指那些热衷权欲的人。
③检饬chì之人：行为检点、能严格要求自己的人。
④放肆：行为放诞，无所顾忌。
⑤操履：操行、品行。履，原指鞋子，这里引申为做人的规范。

译文

志远而澹泊的人，总是会遭到那些热衷名利之徒的怀疑；能严格要求自己的正人君子，往往无端受到那些行为放荡之辈的猜忌。所以君子如果处在此种环境中，固然不能改变自己的操守和志向，但也绝对不可锋芒过分显露。

一〇

人之短处，要曲为弥缝[1]，如暴而扬之[2]，是以短攻短；人有顽的[3]，要善为化诲[4]，如忿而嫉之[5]，是以顽济顽[6]。

注释

①曲：含蓄、婉转。弥缝：弥补缝合，意为掩饰。
②暴：暴露。扬：宣扬。
③顽的：品性中愚顽不化之处。
④化诲：感化教诲。
⑤忿而嫉：气愤并痛恨。
⑥济：救助。

译文

别人的缺点过失，要委婉地加以掩饰，假如对其予以暴露宣扬，则是在用自己的短处来攻击别人的短处；每个人的性情都有愚蠢顽固的一面，要耐心、巧妙地加以感化教诲，假如对其生气厌恶，就像是用愚蠢助长愚蠢。

一一

遇沉沉不语之士[1]，且莫输心[2]；见悻悻自好之人[3]，应须防口。

注释

①沉沉：阴险冷酷的样子。
②输心：交心、推心置腹，表示真心交好。输，

交流。

③悻悻：生气时愤愤不平的样子。此处比喻人骄矜高傲、自以为是。

译文

如果遇到一个表情阴沉、沉默不语之人，千万不要一下子就以真心示人；如果遇到一个自以为了不起的人，就要小心谨慎，尽量少说话，以免被他抓到口实。

一二

炎凉之态[①]，富贵更甚于贫贱；妒忌之心，骨肉尤狠于外人。此处若不当以冷肠[②]，御以平气[③]，鲜不日坐烦恼障中矣[④]。

注释

①炎凉之态：这里指趋炎附势之态。

②冷肠：原指缺乏热情、冷心肠，此处当“冷静”解。

③御以平气：以平和的心情来驾驭。

④烦恼障：佛家认为人性中的贪、嗔、痴、慢、疑、邪见等都会扰乱人的情绪，而使人心生烦恼，所有这些都是“涅槃”之障，故名“烦恼障”。

译文

人情冷暖、世态炎凉的变化，富贵人家会比贫穷人家感受得更明显。嫉妒、猜忌的心理，骨肉至亲之间比外人显得更厉害。一个人处在此种境遇中，若不能以冷静的头脑、平和的心态来驾驭，则很少能不整日陷在烦恼、痛苦之中。

一三

有一念而犯鬼神之禁，一言而伤天地之和，一事而酿子孙之祸者[①]，最宜切戒[②]。

注释

①酿：本义为制酒，此处是造成的意思。

②切戒：深以为戒。

译文

那些触犯鬼神之禁的念头，伤天地和气的言语，会给子孙后代酿成灾祸的事情，都必须深以为戒，不可轻易触犯。

一四

谢事当谢于正盛之时[①]，居身宜居于独后之地[②]，谨德须谨于至微之事[③]，施恩务施于不报之人[4]。

注释

①谢事：指辞官归隐。

②居身：指处世。独后：独自在后，意思是与世无争。

③谨德：慎于德行。谨，谨慎。

④不报之人：无力回报的人。

译文

辞官归隐要选择在事业处于鼎盛期的时候，立身处世要做到凡事谦让三分，谨言慎行必须从最小的地方做起，布施恩惠应该施与那些无法回报你的人。

一五

勤者敏于德义[1]，而世人借勤以济其贪；俭者淡于货利，而世人假俭以饰其吝。君子持身之符[2]，反为小人营私之具矣，惜哉！

注释

①敏：勤奋，努力。

②符：法则。

译文

勤奋的人，应该努力在品德和道义上努力，可是世上许多俗人却用“勤奋”来追求自己的贪欲；俭朴的人本应该把财货和利益看淡，可是有的世人却假借“俭朴”之名来掩饰自己的吝啬。这些美好的品性（如勤奋和俭朴）本来是君子处世立身的法则，现在反倒成为市井小人营私利己的工具，真是令人感到痛惜啊！

一六

人之过误宜恕[①]，而在己则不可恕；己之困辱当忍[②]，而在人则不可忍。

注释

①恕：原谅，宽恕。

②困辱：穷困，屈辱。

译文

对于别人的过失和错误，自己应该设身处地地加以了解，并尽量多加宽恕，而自己犯了过失和错误，却不可轻易放过；对自己的穷困和屈辱要有忍耐力，但当别人遇到困难和遭受屈辱时，不能袖手旁观，而要设法去帮助他们。

一七

遇欺诈的人[①]，以诚心感动之；遇暴戾的人[②]，以和气薰蒸之[3]；遇倾邪私曲的人[4]，以名义气节激厉之[5]。天下无不入我陶冶中矣。

注释

①欺诈：用奸诈的手段骗人。

②暴戾：残暴酷虐，粗暴乖戾。

③薰蒸：沐浴、教化的意思。

④倾邪：为人邪僻不正。私曲：偏私阿曲，不公正。

⑤激厉：激发鼓励。语出《晋书·庾亮传》。

译文

以真诚之心去感动那些喜欢玩弄伎俩的小人；以平和的心情去感化那些凶狠残暴的人；以好的操守和气节来激励那些奸邪不正的小人。有了这样的胸襟和修养，那么世上的各种人，都可以被感染和教化。

一八

磨砺当如百炼之金，急就者非邃养[1]；施为宜似千钧之弩[2]，轻发者无宏功。

注释

①急就：急于求成。邃养：高深的修养。邃，深。

②施为：做事情。钧：古代重量单位，三十斤是一钧。

译文

磨砺自身的品行就像炼钢一样，需千锤百炼，急于求成不是有高深修养之人的做法；做事应像拉开千钧的大弓一般，谨慎从事，而随随便便、不下大力气做事的人，是不会收到好效果的。

一九

建功立业者，多虚圆之士[①]；偾事失机者[②]，必执拗之人。

注释

①虚圆：谦虚圆转。

②偾fèn事：败事。《礼记·大学》中有“此谓一言偾事”语。

译文

能够成就一番大事业的人，大多都是能灵活应变的人；凡经常受到挫败、遇事坐失良机的人，必然是那些性格倔强不肯接受他人意见的人。

二〇

仁人心地宽舒，便福厚而庆长[①]，事事成个宽舒气象；鄙夫念头迫促[②]，便禄薄而泽短，事事得个迫促规模。

注释

①庆长：福禄绵长。庆，福禄吉祥，《易经·文言》篇中有“积善人家,必有余庆”。

②鄙夫：见识粗鄙之人。念头破促：心胸狭隘，急于求成。

译文

忠厚仁爱的人，由于胸怀宽广舒坦，能享受的福泽就会既厚且长，于是形成事事都有恢宏气度的样子；反之，心胸狭窄的小人，由于眼光短浅、心胸狭隘，所得到的利禄都是短暂的，做事情的时候，总是显现出一种局促的状况。

二一

天贤一人[①]，以诲众人之愚[②]，而世反逞所长[③]，以形人之短[④]；天富一人，以济众人之困，而世反挟所有，以凌人之贫。真天之戮民哉[⑤]！

注释

①天贤一人：上天使一人贤能。

②诲：教导。

③逞：炫耀。

④形：对比。

⑤戮民：有罪之人。“戮”在此处当形容词用，作有罪解。《商君书·算地》篇中有“刑人无国位，戮人无官任”。

译文

上天赋予一个人聪明才华，是希望他来教导改变普通人的愚昧，可是世上的一些人，反而喜欢卖弄自己的才华，向那些天资不如自己的人炫耀；上天让一个人有财富，目的是希望他来接济受苦的穷人，而有些人却仗恃自己的财富来欺凌穷人。这些人，真是违背天意的罪人啊！

二二

非分之福，无故之获，非造物之钓饵，即人世之机阱。此处着眼不高，鲜不堕彼术中矣①。

注释

①术：计略。

译文

不是自己应享的福气，不是经过自己辛苦努力得到的财物，这些如果不是上天引诱人的诱饵，就是别人为你精心设下的陷阱。这种时候，如果眼光不放高远，很少不落入圈套之中。

二三

藜口苋肠者[①]，多冰清玉洁[②]；衮衣玉食者[③]，甘婢膝奴颜[④]。盖志以淡泊明，而节从肥甘丧矣[⑤]。

注释

①藜口苋肠者：指穷苦的平民百姓。藜、苋，均为蔬菜名。

②冰清玉洁：形容人的品德像冰一样清明透彻，像玉一样纯洁无瑕。

③衮衣玉食：指达官贵人。衮衣是古代帝王高官所穿的衣服，此处比喻华服。玉食是形容山珍海味等美食。

④婢膝奴颜：也作“奴颜婢膝”。奴和婢都是古代的仆役，没有自由和独立人格，后比喻自甘堕落而没骨气的人。

⑤肥甘：美味，比喻物质享受。

译文

从粗茶淡饭中生活过来的人，他们的操守多半像冰玉般纯洁；而那些讲求生活豪奢的达官贵人，多半喜欢卑躬屈膝的奴才面孔。这大致是因为志向多在清心寡欲的状态下才能表现出来，而节操则会因为追求物质享受而丧失殆尽。

二四

宠利毋居人前[①]，德业毋落人后[②]，受享毋逾分外，修持毋减分中[③]。

注释

①宠利：恩宠，利禄。

②德业：德行，学业。

③修持：修养持身。分：此指范围。

译文

追求功名利禄不要抢在别人前面，修持德业不要落在他人之后，享受物质之欲不要超过允许的范围，修养德行应达到所应达到的标准。

二五

矜高倨傲[①]，无非客气降伏得[②]，客气下而后正气伸[③]；情欲意识[④]，尽属妄心消杀得[⑤]，妄心尽而后真心现[⑥]。

注释

①矜高倨傲：骄傲自大。

②客气：与下文的“正气”相对而言，指一种骄

饰虚荣之气，非本真之气。

③正气：至大至刚之气，即是浩然之气。

④意识：此处含有认识、想象等义。

⑤妄心：佛家语，指种种虚妄的世俗欲念，与下文的“真心”相对。

⑥真心：佛家语，指本来具有的纯真的心灵。

译文

一个人之所以会高傲自矜，无非是由于受外来而非出自至诚的“客气”的影响，消除此种“客气”，刚直无邪的正气才会出现；人的所有欲望和想象，是由于虚幻无常的“妄心”所致，只要能铲除这种虚幻无常的“妄心”，纯真的心灵就会显现出来。

二六

居轩冕之中[①]，不可无山林的气味[②]；处林泉之下，须要怀廊庙的经纶[③]。

注释

①轩冕：古代卿大夫的高车华冠，这里比喻达官显贵。

②山林：泛称田园风光或闲居山野之间，这里指隐退。

③廊庙：比喻在朝中做官。经纶：即胸中治理国家的方略。

译文

身居显位的人，不可不保持隐居山林、淡泊名利的志趣；隐居在田园山林中的人，则须有治理国家的雄心壮志。

二七

宁守浑噩而黜聪明[1]，留些正气还天地；宁谢纷华而甘淡泊[2]，遗个清名在乾坤[3]。

注释

①浑噩：天真纯朴的本性。黜：摒除。

②纷华：繁华，富丽。

③乾坤：本为《周易》开篇中的两个卦名，此处代指人世间。

译文

做人宁可浑厚质朴，也不要耍小聪明，以使自己在天地间保有一些正气。处世宁可淡泊清贫，也不要追求过分的奢华，要使自己在世上能留下一个清白的好名声。

二八

欲路上事[1]，毋乐其便而姑为染指[2]，一染指便深入万仞[③];理路上事[④],毋惮其难而稍为退步[⑤],一退步便远隔千山。

注释

①欲路：泛指欲念、情欲，也就是佛家所说的“五蕴烦恼”。

②染指：指巧取不应得的利益。典出《左传·宣公四年》：“及食大夫鼋，召子公而弗与也。子公怒，染指于鼎，尝之而出。”

③仞：古时以七尺或八尺为一仞。

④理路：指符合天理、世理的道路。理，中国古代哲学和佛教《华严经》的基本范畴，尤为宋代的二程、朱熹所重视，并据此建立了庞大的理学体系。

⑤惮：害怕。

译文

欲念方面的事，绝对不可贪图舒适，一旦贪恋非分的享乐，就会坠入万丈深渊;探求天理方面的事，绝对不可因畏惧困难而生退缩之念，一旦退缩就会和天理产生千山万水之隔。

二九

富贵名誉自道德来者[①]，如山林中花，自是舒徐繁衍[②]。自功业来者，如盆槛中花[③]，便有迁徙废兴。若以权力得者，如瓶钵中花[4]，其根不植，其萎可立而待矣。

注释

①自道德来：凭道德获得。

②舒徐：指从容自然。

③槛：木围栏，此处指园圃。

④瓶钵中花：指插在花瓶之中的无根之花。

译文

富贵与美誉，如果是从道德修养中得来，那就如同生长在山林中的野花，会不断繁殖，长久不败。如果是从建功立业中得来，那就如同生长在花园中的盆景一般，只要稍微移植，花木的生长就会受到严重影响。如果是凭借强权得来，那就如同插在花瓶中的花朵，没有根基，其凋谢枯萎指日可待。

三

泛驾之马可就驰驱[1]，跃冶之金终归型范[2]。只一优游不振[3]，便终身无个进步。白沙云[4]："为人多病未足羞，一生无病是吾忧[5]。"真确实之论也。

注释

①泛驾之马：性情凶悍、不易驯服的马，借以比

喻不守常规的豪杰之士。泛，翻覆之意。驾，车子。

②跃冶之金：当铸造器具的金属溶液往模具里灌注时，金属溶液有时会突然爆出模具外面，这就是所谓的跃冶之金，比喻不守本分而自我炫耀的人。跃，踊跃。冶，冶炼。型范：铸造时用的模具。

③优游不振：散漫而不振奋。优游，悠然自得，此处有散漫的意思。

④白沙：明朝学者陈献章（1428—1500）。广东新会人，字公甫，因隐居白沙里，世人称他为“白沙先生”，于明正统十二年（1447）进士及第，然而并未因此踏入仕途。著有《白沙集》十二卷传世。

⑤病：诟病、指责。

译文

一匹性情顽劣的马，只要训练有素、驾驭得法，仍然可以骑上它疾驰飞奔；在灌注时爆出模具的金属，最终还是被人注入模具变为利器。一个人如果散漫不振、游手好闲，就会丧失上进的动力，如此，一辈子也不会有大的作为。所以陈白沙先生说：“一个人在生活中常出现过失没有什么可羞愧的，一辈子无所事事，也不犯错误才是最值得忧心的。”这真是至理名言。

三一

念头起处，才觉向欲路上去，便挽从理路上来[1]。一起便觉，一觉便转[2]，此是转祸为福，起死回生的关头，切莫轻易放过。

注释

①挽从：挽回。

②一起便觉，一觉便转：指人的欲念一起心便立即觉察，一旦觉察，须立即向理路上转去。

译文

当你心中的欲念闪现时，你就会发觉这种邪念有可能走向欲路，应该立刻把这种欲念拉回到正路上来。坏的念头一闪现就立刻察觉，一旦察觉就要想方设法进行挽救，这是转祸为福、起死回生的紧要关头，绝对不可轻易放过。

三二

居逆境中，周身皆针砭药石[1]，砥节砺行而不觉[2]；处顺境内，满前尽兵刃戈矛[3]，销膏靡骨而不知[4]。

注释

①针砭药石：泛指治病用的器械药物，比喻砥砺人品德气节的良方。针，古时用以治病的金针。砭，石针。

②砥、砺：磨刀石。细者为砥，粗者为砺。此处意指磨炼。

③兵刃戈矛：皆为兵器，比喻环境险恶酷烈。

④销膏靡骨：粉身碎骨的意思。膏，脂肪。靡，毁伤，腐烂。

译文

当一个人生活不顺时，周遭的环境对他来说就如医治病症的良药，不知不觉中品德得到了磨炼；相反，当一个人生活在顺境中时，他的眼前几乎都是那些能消磨意志的兵器，不知不觉中身心受到了腐蚀，从而走向失败的路途。

三三

不责人小过，不发人阴私，不念人旧恶，三者可以养德，亦可以远害。

译文

不责难别人的微小过错，不随便揭发别人的隐私，不对他人过去的坏处耿耿于怀，能做到以上三点，就会使自己的道德修养得到很大提升，也可以远离灾祸。

三四

横逆困穷[①]，是煅炼豪杰的一副炉锤[②]。能受其煅炼，则身心交益；不受其煅炼，则身心交损。

注释

①横逆：身处逆境而不顺遂。困穷：穷困潦倒。

②煅：即“锻”。

译文

逆境和困厄是锤炼英雄豪杰的熔炉，能经受住锻炼，则身心交益，愈加坚强；经受不住锤炼，则身心交损，终归沉沦。

三五

纵欲之病可医，而执理之病难医[①]；事物之障可除[②]，而义理之障难除[③]。

注释

①执理之病：执于一隅，这里指固执己见，自以为是的毛病。

②事物之障：即具体的、物质方面的障碍。

③义理之障：即认识方面的障碍，这里主要指人的欲念会阻碍自己对真理的认识。

译文

放纵情欲的毛病还可以医治，但固执己见、自以为是的毛病却很难医治；做事遇到的障碍还可以克服，但阻碍心智认识的魔障却难以排除。

三六

山之高峻处无木，而溪谷回环则草木丛生；水之湍急处无鱼，而渊潭停蓄则鱼鳖聚集[①]。此高绝之行[②]，褊急之衷[③]，君子重有戒焉[④]。

注释

①渊潭：深渊。停蓄：指水平静不流动。

②高绝之行：清高孤傲的行为。

③褊biǎn急之衷：气量狭小、性情急躁的心性。衷，内心。

④重：深。

译文

耸入云霄的山峰地带不长草木，而溪谷环绕的地方却草木丛生；湍急的河流处没有鱼虾停留，只有在水深而且宁静的湖泊鱼鳖才能大量繁殖。所以君子立身处世，清高孤傲的心理，以及气量狭小、性情急躁的性格，这些都要深以为戒。

三七

君子处患难而不忧，当宴游而惕虑[①]，遇权豪而不惧，对茕独而惊心[②]。

注释

①惕虑：警惕忧虑。惕，忧惧。虑，思虑、思考。

②茕qióng独：孤独无依。

译文

君子即使处于危难之中也不会忧心忡忡，在悠闲的游乐之中倒会警醒忧虑自己，不要沉溺其中；君子遇到豪门权贵绝不会感到畏惧，但是遇到孤苦无依的人却有同情心，设法予以帮助。

三八

把握未定[①]，宜绝迹尘嚣，使此心不见可欲而不乱，以澄吾静体[②]；操持既坚，又当混迹风尘，使此心见可欲而亦不乱，以养吾圆机[③]。

注释

①把握未定：意志不坚定，没有自控能力。

②静体：指寂静之心的本性。

③圆机：佛教语，谓一念开悟即得佛果的根性。

译文

当意志对人生把握不定之时，最好不要涉足喧嚣的尘世，让自己看不见物欲，以保持纯洁的品性；等到意志坚定可以自我控制时，就要多接触各种环境，那样的话，即使看到物质的诱惑也不会心乱神迷，以此培养成熟质朴的心性。

三九

人生福境祸区，皆念想造成，故释氏云："利欲炽然①，即是火坑②；贪爱沉溺③，便为苦海。一念清净④，烈焰成池；一念警觉，船登彼岸⑤。"念头稍异，境界顿殊。可不慎哉！

注释

①然：同"燃"。

②火坑：佛家语，指极其痛苦的境界。

③贪爱：指贪恋五欲之境而不能离舍。《法华经·方便品》："深着于五欲，如牦牛爱尾，以贪爱自蔽。"

④一念：佛家认为思念闪现一次叫一念。

⑤彼岸：佛家认为有生有死的生命境界为此岸，烦恼苦难为中流，超脱生死的境界为彼岸。

译文

人生的幸福与苦恼是由自己的心念所想而起，所以释迦牟尼佛说：“名利的欲望过于强烈等于是火坑，纵欲沉溺则是苦海。对于我们每个人来说，一个清静的念头可以使火海变为清池，及时警示自己迷途知返，可以渡过苦难，到达无生无死的极乐彼岸。”念头稍有差异，其境界顿时不一样，我们怎能不慎重！

四○

粪虫至秽变为蝉①，而饮露于秋风②；腐草无光化为萤③，而耀采于夏月。故知洁常自污出，明每从暗生也。

注释

①秽：肮脏；丑陋。

②饮露于秋风：蝉不吃普通的食物，只以喝露水为生，古以此为高洁的象征。

③腐草无光化为萤：腐草能化为萤火虫是传统误解。因萤火虫把卵产在水草上，而以为它是由腐草化生。语出《礼记·月令》。

译文

粪土里所生的虫是最脏的，可是当它蜕化成蝉，却只喝秋天干净的露水；腐败的野草本来并无光华，可是当它孕育出萤火虫，却能在夏月之下闪闪发光。由此可知，洁净的东西常常是从污秽中孕育而出，光明常常是由黑暗中产生。

四一

饱后思味，则浓淡之境都消①；色后思淫②，则男女之见尽绝③。故人当以事后之悔，悟破临事之痴迷，则性定而动无不正④。

注释

①浓淡之境：指享受各种美味佳肴的心境。浓淡，泛指各种美味。

②色：原指女色。这里用作动词，指男女交欢。

③男女之见：有关男女交欢的念头。

④性定：内心安定而无杂念。性，本然之性，亦是真心。

译文

酒足饭饱之后再回想起美味佳肴，所有甘美的味道都已经全部消失。男女交欢之后再来回味云雨之事，则与此相关的想法都会断绝。所以，如果人们常常将事后的悔悟，来作为处理事情的参考，内心就会得到安宁，行动也会合乎规则和道理。

四二

事穷势蹙之人[1]，当原其初心[2]；功成行满之士[3]，要观其末路[4]。

注释

①蹙：穷困；精疲力竭。

②原：追溯，回顾。初心：当初的雄心。

③功成行满：事业有所成就，一切都圆满。

④末路：本指路的终点，这里引申为人生的晚年。

译文

事业失败陷入困顿的人，不妨回想一下自己昔日的抱负，就能振作精神，继续前进；事业成功志得意满的人，要想到是否能长期坚持下去，是否会晚节不保。

四三

居卑而后知登高之为危[1]，处晦而后知向明之太露[2]，守静而后知好动之过劳[3]，养默而后知多言之为躁[4]。

注释

①居卑：泛指处于地位低下的境况。

②处晦：在昏暗的地方。向明：朝向明亮之处。

③守静：静身独处时的平静心情。

④养默：涵养静默的心性。

译文

地位低下时才知道高处不胜寒的危险，处在暗处才知道置身光亮的地方太容易暴露自己的弱点；保持心情平静才知道好动太辛苦，保持沉默的心性才知道多说话的人性情之急躁。

四四

奢者富而不足[①]，何如俭者贫而有馀？能者劳而府怨[②]，何如拙者逸而全真[③]？

注释

①富而不足：虽然富裕，但常感不足。

②劳而府怨：劳苦而怨谤集身。府，聚集。

③逸而全真：安闲而保全本性。道家把完美无缺的人称为全真之人。

译文

奢侈无度的人财富再多也感觉不够用，怎及那些虽然生活贫俭却常感到满足的穷人呢？有才干的人由于心力交瘁而招致大家的埋怨，怎及那些虽然笨拙却因安闲无事而保全其纯真本性的人呢？

四五

天之机缄不测①，抑而伸②，伸而抑，皆是播弄英雄③，颠倒豪杰处。君子只是逆来顺受，居安思危，天亦无所用其伎俩矣。

注释

①“天之”句：意谓客观世界的兴衰变化是难以预测的。机，发展、发动。缄，收束、封闭。

②抑：压抑。伸：舒展。

③播弄：摆布、玩弄。

译文

上天的奥秘变幻莫测，对人命运的支配难以预料。时而抑制人的发展，时而让人诸事顺遂；时而使人春风得意，而后又遭受挫折，这些都是上天有意在捉弄英雄豪杰。因此，君子要努力适应环境，平安无事时也要想到有可能出现的危险，未雨绸缪，如此，就连上天也无法施展其伎俩了。

四六

人只一念贪私[1]，便销刚为柔，塞智为昏，变恩为惨，染洁为污，坏了一生人品。故古人以不贪为宝，所以度越一世[2]。

注释

①一念：一刹那所起的念头。

②度越：超越。

译文

一个人只要刹那间出现贪婪的念头，那么原本刚直的性格就会变得懦弱，聪明睿智被蒙蔽而变得昏庸无能，对人慈悲的心肠就会变得很残酷，原本纯洁的品性就会污浊不堪，结果是损毁了自己的人格。所以古圣先贤认为，做人要以“不贪”二字为修身之宝，这样才能战胜物欲安度一生。

四七

图未就之功，不如保已成之业[1]；悔既往之失[2]，亦要防将来之非[3]。

注释

①业：指基业、事业。
②失：错误。
③非：过失。

译文

与其谋划没有把握实现的功业，不如保住自己已经完成的事业；与其懊悔从前的过失，不如预防未来可能发生的错误。

四八

贫家净扫地，贫女净梳头。景色虽不艳丽[①]，气度自是风雅。士君子当穷愁寥落[②]，奈何辄自废弛哉[③]！

注释

①景色：景象与容貌。并列词，分别指上文的贫家与贫女。
②寥落：寂寞不得志。
③辄：便，就。废弛：应做而不做。

译文

即使是贫穷的家庭，也要经常扫地，即使是贫家的女子也要经常梳头。摆设和穿着虽然算不上豪华艳丽，但是能保持一种高雅脱俗的气度。因此君子一旦际遇不佳、穷困潦倒之时，又何苦萎靡不振、自暴自弃呢！

四九

以幻迹言，无论功名富贵，即肢体亦属委形[①]；以真境言[②]，无论父母兄弟，即万物皆吾一体。人能看得破，认得真，才可以任天下之负担，亦可脱世间之缰锁[③]。

注释

①委形：道家术语，意思是人的躯体并不是自己的所属物，而是由上天赋予的，故也是不实的。委，抛弃。形，形体。

②真境：超物质的形而上境界，也就是超越一切物相的境界，这种境界是物我合一、永恒不变的。

③缰锁：套在马脖子上控制马行动的绳索，比喻人世间加诸心灵的牵制。

译文

世事变幻无常，且不论世间的功名富贵，即便是自己的四肢躯体也是上天赐予的；我们超越一切物相来看客观世界，即便是父母兄弟，乃至天地间的万物也都和我属于一体。一个人能洞察物质世界的虚伪变幻，又能认清精神世界的永恒价值，才可能担负起救世济民的重任，也只有这样才能摆脱人世间一切困扰你的枷锁。

五〇

天地有万古[1]，此身不再得[2]；人生只百年，此日最易过。幸生其间者，不可不知有生之乐，亦不可不怀虚生之忧[3]。

注释

①万古：指千年万代，喻时间之长。
②此身：指这一生。
③虚生：虚度一生，无所作为。

译文

天地已经运行了千万年，可人的生命只有一次；人最多只活百年，可是百年的时间跟天地相比只不过是一刹那。有幸诞生在这天地之间，既不可不了解我们生活中的乐趣，也不可不怀有虚度一生之感慨。

五一

老来疾病都是壮时招得；衰时罪孽都是盛时作得。故持盈履满[1]，君子尤兢兢焉[2]。

注释

①持盈履满：指已达最好程度的美满的物质生活。盈，丰富。履，福禄。

②兢兢：小心谨慎。

译文

一个人年老时，疾病缠身，都是因为年轻时不注意爱护身体所造成的；一个人失败后被罪孽缠身，都是得意时种下的祸根。因此即使生活幸福、事业顺遂，也要兢兢业业，谨小慎微，避免今后的不幸。

五二

市私恩不如扶公议[①]，结新知不如敦旧好[②]，立荣名不如种阴德[③]，尚奇节不如谨庸行[④]。

注释

①市私恩：用自己的私情收买人心。市，收买。扶公议：以光明正大的行为争取声誉。

②敦：厚，加强。

③种阴德：悄悄地施惠于人。

④尚奇节：崇尚美好的节操。庸行：日常行为。

译文

与其巧施恩惠收买人心，还不如以正大光明的行为去争取社会大众的赞誉；与其结交很多不能劝善规过的新朋友，倒不如加深一下跟老朋友之间的情谊；与其想方设法提高知名度，倒不如在暗中积累德行；与其标新立异去追求虚名，倒不如平日里谨言慎行。

五三

小处不渗漏[①]，暗处不欺隐，末路不怠荒[②]，才是真正英雄。

注释

①渗漏：疏漏。渗，水从上往下慢慢滴，有侵蚀和走漏之义。

②怠荒：此处有丧失勇气之意。懒惰无进取心叫“怠”，颓丧不上进为“荒”。

译文

做人做事，即使细微之处，也不可粗心疏漏；即使在无人知悉的地方，也绝不可做见不得人的坏事；即使到了穷途末路不得志时，也不要忘记当初的雄心壮志。这样才算是真正有所作为的英雄。

五四

衰飒的景象，就在盛满中；发生的机缄[①]，即在零落内。故君子居安宜操一心以虑患，处变当坚百忍以图成[②]。

注释

①机缄：机运，指运气的变化。

②百忍：比喻极度的忍耐。

译文

衰败零落的景象，往往隐藏在繁华茂盛之时，机运转变的种子，在失败零落时就已种下。所以君子应当在平安无事时保持清醒、理智，以防范未来祸患的发生。一旦身处于变乱灾难之中，就要坚毅果敢、咬紧牙关、忍辱负重，以求事业成功。

五五

念头昏散处[①]，要知提醒；念头吃紧时[②]，要知放下。不然恐去昏昏之病，又来憧憧之扰矣[③]。

注释

①昏散：神智糊涂，精神散乱。

②吃紧：急切紧张。

③憧chōng憧：往来不绝的样子。

译文

思绪糊涂犹如一盘散沙时，要知道提醒自己保持清醒的头脑；思想高度紧张，无法松弛时，要自我放松，以便情绪恢复镇定轻松。否则，恐怕刚刚治好昏沉纷乱的毛病，往来不绝的烦扰又会侵袭。

五六

毋因群疑而阻独见[①]，毋任己意而废人言[②]，毋私小惠而伤大体[③]，毋借公论以快私情[④]。

注释

①群疑：大多数人都怀有的疑虑。

②任己意：听任自己的意见。

③私小惠：谋求个人的好处。

④快：称心如意；满足，发泄。

译文

不要因为众人都怀有疑虑而放弃个人的独特见解，也不要因个人好恶而忽视别人的看法。不能为了个人的一己私利而损害了集体的利益，更不可以借助社会大众的舆论，来满足自己的私人愿望，发泄个人的不满情绪。

五七

青天白日的节义[①]，自暗室屋漏中培来[②]；旋乾转坤的经纶[3]，从临深履薄处操出[4]。

注释

①节义：名节义行，此处指人格。

②暗室屋漏：指不易为他人所见之处。

③经纶：本指纺织丝绸，引申为治理国家的政治韬略。

④临深履薄：面临深渊、脚踏薄冰，比喻做事小心谨慎。语出《诗经·小雅·小旻》："战战兢兢，如临深渊，如履薄冰。"

译文

青天白日一般光明磊落的人格和节操，是在暗室漏屋等不为人知的艰苦环境中磨炼出来的；凡是一套足可治国平天下的韬略，都是从小心谨慎处理日常事务中总结出来的。

五八

功过不容少混，混则人怀隋隳之心[1]；恩仇不可太明，明则人起携贰之志[2]。

注释

①隋隳huī：疏懒堕落，灰心丧气。隋，通"惰"，懒惰。

②携贰：怀有二心，亦即产生叛逆之心。

译文

对于功劳和过失，不可有一点含糊，功过不分就会使人意志消沉而不肯上进；对于恩惠和怨恨，不可表现得太分明，假如恩怨太过分明则会让别人产生二心，甚至背叛。

五九

事业文章随身销毁，而精神万古如新；功名富贵逐世转移，而气节千载一日①。君子信不当以彼易此也②。

注释

①千载一日：千年时间有如一日，比喻永恒不变。

②信不当：实在不应当。易：交换。

译文

显赫的事功、漂亮的文章，这些东西在一个人离开人世后也会随之销毁，只有其中那令人震撼的精神万古不朽；功名利禄、富贵荣华，也会随着时代的迁移而变化，但是忠臣义士的志节会永远留在人间。可见君子实在不应放弃能名留青史的气节，去换取那及身而殁的东西。

六〇

士君子处权门要路，操履要严明[①]，心气要和易；毋少随而近腥膻之党[②]，亦毋过激而犯蜂虿之毒[③]。

注释

①操履：操守和行事。

②少随：随和而无原则。腥膻：鱼性为腥，羊性为膻。比喻品质恶劣的小人。

③蜂虿chài之毒：比喻人心恶毒。

译文

一个正直的君子在身居要位、掌握重权的时候，必须操守严谨，心气平和，气度宽宏；既不要过于随和而去迁就那些行为恶劣的小人，也不要因行为偏激而激化矛盾，招致那些小人的暗算。

六一

语云："登山耐侧路[①]，踏雪耐危桥。"一"耐"字极有意味。如倾险之人情[②]，坎坷之世道，若不得一"耐"字撑持过去，几何不堕入榛莽坑堑哉[③]！

注释

①耐：经受得住。

②倾险：险恶。

③榛莽：荆棘丛，比喻险恶的环境。榛，荒地丛生的小杂林。莽，草木深邃的地方。坑堑：有深沟的险处。

译文

俗语说："登山要经受得住斜坡上的考验，走雪路要耐得起过高桥的危险。"可见这一个"耐"字具有极深的意味，正好比险恶的人情世故，坎坷不平的人生道路，如果没有这一个"耐"字支撑下去，有几个人不会堕入榛莽坑堑而难以自拔呢！

六二

闻恶不可就恶①，恐为谗夫泄怒②；闻善不可急亲③，恐引奸人进身④。

注释

①就恶：立刻报以厌恶。就，立刻。恶，厌恶，憎恨。

②谗夫：用谣言来中伤他人的小人。

③急亲：立即给予亲近。

④进身：来到身边。

译文

听到别人做了坏事，不可马上就信以为真并对人家表现出厌恶，必须经过自己一番冷静的观察，这样就可以判断自己是否被小人利用，成为他们诬陷好人的工具。听到某人有善行做了好事，也不要立刻就相信，并表现出自己的好感，也必须经过一番冷静的观察，以防是那些奸人为争名夺利而故意做出来的。

六三

事稍拂逆[①]，便思不如我的人，则怨尤自消[②]；心稍怠荒[③]，便思胜似我的人，则精神自奋。

注释

①拂逆：不顺心、不如意。

②怨尤：怨恨、埋怨，把失败归咎于命运和别人。

③怠荒：精神委靡不振，懒惰放纵。

译文

当事业稍不如意时，就想想那些不如自己的人，这样怨天尤人的情绪就会慢慢消失；当精神萎靡不振时，要想想比自己强的人，认识到自己的差距，精神就会为之一振，继续前进。

六四

文以拙进[①],道以拙成,一“拙”字有无限意味。如桃源犬吠，桑间鸡鸡，何等淳庞[②]。至于寒潭之月[③]，古木之鸦，工巧中便觉有衰飒气象矣[④]。

注释

①拙：笨拙、拙劣。这是道家学说中与“巧”相对的概念，并非现在意义上的贬义词。

②淳庞：淳厚，朴实。

③寒潭：指深冷寂静的潭水。

④衰飒：衰败、萧条。

译文

文章要写到拙朴才能不断进步，学道要修到拙朴才能成功,可见一个“拙”字,其中蕴含无穷奥义。恰如桃花源中的狗叫，阡陌间的鸡鸣，这该是多么淳朴的景象。至于冷潭中所映出的月影，古树上所栖息的乌鸦，表面看来充满诗情画意，但工巧中也透出萧瑟凄凉的景象。

六五

绳锯木断，水滴石穿，学道者须加力索[①]；水到渠成，瓜熟蒂落，得道者一任天机[②]。

注释

①力索：努力求索。

②一任天机：完全听凭天赋的悟性。

译文

只要有恒心，把绳索当锯子也可以锯断木头，一滴滴的水长久不歇地滴落在石头上也可以穿以透坚石，同理，求道的人也要努力用功才能有所成就；各方水流汇集在一起自然能形成一条河渠，瓜果成熟之后瓜蒂自然会脱落，同理，修行学道的人顺其自然才能修成正果。

六六

人生太闲则别念窃生[①]，太忙则真性不现[②]。故士君子不可不抱身心之忧[③]，亦不可不耽风月之趣[④]。

注释

①别念：杂念、邪念。

②真性：真实天性，也就是本然之性。

③抱：保持。

④耽：耽恋，沉浸其中。

译文

一个人整天太闲，各种杂念便会悄然而生；整天奔波劳碌，又会淹没了自己纯真的本性。所以，君子士大夫不能不时时忧虑自己的处境，也不可不懂得吟风弄月的雅趣。

六七

子生而母危，镪积而盗窥[①]，何喜非忧也？贫可以节用，病可以保身，何忧非喜也？故达人当顺逆一视，而欣戚两忘[②]。

注释

①镪qiǎng：古时用来贯串钱币的绳索。此处借指财富。

②戚：忧伤。

译文

孩子要出生，母亲却因生产而要冒生命危险；家中有钱了，可能因此会被窃贼盯上而生觊觎之心，可见哪一件喜事中不潜伏着令人忧患之处呢？家里贫穷可以因此养成节衣缩食的好习惯，疾病可使人学会保养身体的方法，哪一桩忧愁又不潜藏着可喜之处呢？所以处世达观的人，总能把顺利和穷困一视同仁，忧喜两忘。

六八

心地干净[1]，方可读书学古。不然，见一善行，窃以济私[2]；闻一善言，假以覆短[3]，是又藉寇兵而赍盗粮矣[4]。

注释

①心地干净：谓摒除内心所有的追名逐利之念。

②窃以济私：偷偷拿来满足自己的私欲。

③覆短：借用古人的善言来掩饰自己的过失。

④藉寇兵而赍jī盗粮：给贼寇兵器，给强盗粮草。赍，给予。

译文

只有内心纯净的人，才可以读圣贤书，学习古人的道德文章，否则，就会利用先贤的美德来达到个人的目的，听到名言佳句就拿来掩饰自己的缺点，这就等于资助武器给贼寇，接济粮食给强盗。

六九

彼富我仁，彼爵我义[1]，君子固不为君相所牢笼；人定胜天，志一动气[2]，君子亦不受造物之陶铸[3]。

注释

①“彼富”二句：《孟子·公孙丑下》：“曾子曰：‘晋楚之富，不可及也；彼以其富，我以吾仁；彼以其爵，我以吾义，吾何慊乎哉？’”

②志一动气：指人的志向专一便可改变消极的精神状态。志，思想意志。一，专一。动，改变、转变。气，指乖戾、消极之气。

③陶铸：原意为烧制陶器和冶炼金属，后引申为锻炼。此处有播弄的意思。

译文

别人富有，我却怀有仁德，别人身居高官，我却讲求正义，所以说一个真正的君子不会对统治者的利禄有所动心；人类的力量一定能够战胜大自然，如果志向专一就能转变身上的消极气质，成就大事，而不甘愿受命运的摆布。

七〇

读书不见圣贤[①]，为铅椠佣[②]；居官不爱子民，为衣冠盗[③]；讲学不尚躬行，为口头禅[④]；立业不思种德，为眼前花[⑤]。

注释

①不见：不能想见，意谓不能领会。

②铅椠qiàn佣：意为书本的奴隶。

③衣冠盗：谓衣饰、穿着如正人君子般的强盗。
④口头禅：指常挂在嘴边，没有多大意义的话语。
⑤眼前花：虽然好看但不会长久开着的花儿，好景不长之意。

译文

读圣贤书却不能领会先哲们的思想，充其量只不过是书本的奴隶；当官的不知道体恤百姓，就如同穿着打扮如正人君子般的强盗；做学问的不知道身体力行，那无非是夸夸其谈而已；建功立业的人不想着在世上留点功德，其功业也不过如眼前花，好景不长。

七一

道是一件公众物事[①]，当随人而接引[②]；学是一个寻常家饭，当随事而警惕。

注释

①物事：事情。
②接引：佛教语，指菩萨引领众生进入西方净土，后用为引导、引进。

译文

真理人人都可以追求，且应随着个人的情况而引导；研究学问就像平常吃饭一样不可缺少，但须随着事物的发展变化来时时提醒自己。

七二

子弟者[①]，大人之胚胎[②]；秀才者，士夫之胚胎。此时若火力不到，陶铸不纯，他日涉世立朝[③]，终难成个令器[④]。

注释

①子弟：指年少而尚未成年入仕者，与下文“大人”相对。

②胚胎：原指母体内初期发育的动物体，此处有基础、开始的意思。

③涉世立朝：处世入仕的意思。

④令器：优秀之才。令，美好。

译文

现在的小孩子将来有可能成为有用之才，现在的读书人，将来也有可能获得高官显爵。因此，如果他们学问不够，德行修养不到家，历经的磨炼不够深，即便以后走向社会，步入仕途，也很难有所成就，成为栋梁之材。

七三

人解读有字书，不解读无字书[①]；知弹有弦琴，不知弹无弦琴。以迹用不以神用[2]，何以得琴书佳趣？

注释

①无字书：与“有字书”相对，指自然和人生中蕴含的种种道理。

②迹用：拘泥于对实有物体的理解使用，如有字书、有弦琴等。

译文

人们只懂得阅读和解释形诸文字的书，却不知解读大自然和人生这本无字之书；人们会弹奏有弦的琴，却不知欣赏大自然无弦的琴音。只知道运用有形的事物，而不知领会无形的神韵，这样的话，怎么能懂得读书和弹琴的乐趣呢？

七四

石火光中[1]，争长竞短，几何光阴？蜗牛角上[2]，较雌论雄，许大世界[3]？

注释

①石火光：击石取火，火光极短，此处形容时间之短暂。

②蜗牛角：蜗牛的触角，此言空间极其狭小。

③许大：多大。

译文

人生如击石迸火般短暂，有多少时间供人去争名夺利啊？人生在世，活动空间极其狭小，又何必在那蜗牛角般窄小的地方争强斗胜呢？

七五

诗思在灞陵桥上[①]，微吟就，林岫便已浩然[②]；野兴在镜湖曲边[③]，独往时，山川自相映发。

注释

①灞陵桥：位于今陕西省西安市，古人常在此吟诗作别，留下许多动人诗篇。同时也是古人写诗苦吟之地。

②林岫xiù：山林峰谷。浩然：正大的样子。

③野兴：自然的情趣。镜湖：在今浙江省绍兴市，即鉴湖，风景秀丽。唐代名相贺知章曾辞官归隐于此。

译文

在灞陵桥边上吟诗，诗意初来，便觉得山林中飘荡着浩然正气；独自前往美丽幽静的镜湖边野游，山水相映成趣，美不胜收。

七六

登高使人心旷，临流使人意远[①]。读书于雨雪之夜，使人神清；舒啸于丘阜之巅[②]，使人兴迈。

注释

①临流：面临奔流不息的河流。

②舒啸：此指发泄心中的闷气。舒，伸展。啸，大声喊。

译文

登高望远使人心胸开阔，凭河沉思使人意境邈远。雪夜读书使人神清气爽；登山峦之巅而长啸，使人兴致豪迈。

七七

趋炎附势之祸[①]，甚惨亦甚速；栖恬守逸之味[②]，最淡亦最长。

注释

①趋炎附势：攀附权贵。

②栖恬守逸：意谓淡泊旷达的生活。恬，恬淡。逸，放逸。

译文

攀附权贵的人虽然能得到一些好处，但是由此所招来的祸患是既惨痛又迅速的；而安贫乐道淡泊名利的生活，趣味虽清淡却也最长久。

七八

隐逸林中无荣辱，道义路上泯炎凉[①]。

注释

①炎凉：比喻人情世态的冷暖反复。

译文

一个退隐林泉之中与世隔绝的人，能看破红尘，荣耀和耻辱对他来说都是无所谓的；而那些一心追求正义、心怀天下的人，也不会感觉到什么世态炎凉。

七九

我不希荣[①]，何忧乎利禄之香饵[②]；我不竞进[③]，何畏乎仕宦之危机。

注释

①希荣：希求荣华。

②香饵：渔猎所用的饵料，比喻引诱人上圈套的事物。

③竞进：此指孜孜以求于官场高升。

译文

如果我不希求荣华富贵，又何必担忧他人用功名利禄来引诱我呢？如果我不和别人一心竞争官位的高低，又何必恐惧官场中所潜伏的宦海危机呢？

八〇

欲其中者[①]，波沸寒潭[②]，山林不见其寂；虚其中者[③]，凉生酷暑，朝市不知其喧。

注释

①欲其中者：欲念留存心中。

②波沸寒潭：谓欲望强烈，寒潭之水可因之而沸腾。

③虚其中者：内心清净，无欲无念。

译文

嗜欲留在心间，即使是寒潭之水也会因之沸腾，即使住在深山老林也无法平息下来；内心无欲无念，即使在盛夏季节也会感到浑身凉爽，即使身处闹市之中，也感觉不到其间的喧嚣。

八一

多藏者厚亡[①]，故知富不如贫之无虑；高步者疾颠[②]，故知贵不如贱之常安。

注释

①厚亡：此指担心失去财产。厚，看重。

②高步：形容走路高视阔步、目空一切的样子。指地位尊贵的人。疾颠：害怕丢掉权势。疾，痛恨。颠，颠覆。

译文

拥有大量财富的人，总是担心自己的财产会丢失，由此可见富有不如贫穷那样使人无忧无虑；身份地位很高的人，害怕自己的权势被人夺走，由此可见为官之人反不如平民那般逍遥自在。

八二

知成之必败，则求成之心不必太坚；知生之必死，则保生之道不必过劳[①]。

注释

①劳：过分花费心思。

译文

任何事业上的成功总有失败的时候，能明白此种道理，则凡事急于求成的意志就不会那么坚定；无论多长寿总难免一死，能明白这个道理，则对于养生之道就不必劳神费思、苦苦强求。

八三

眼看西晋之荆榛[①]，犹矜白刃[②]；身属北邙之狐兔[③]，尚惜黄金。语云："猛兽易伏，人心难降；溪壑易填，人心难满。"信哉！

注释

①西晋之荆榛：指西晋灭亡时草木丛生的乱象。

②矜白刃：炫耀武力。矜，自夸。

③北邙：洛阳以北有墓地曰北邙，汉魏时达官贵人死后多葬于此。沈佺期《邙山》诗中云："北邙山上列坟茔，万古千秋对洛城。"

译文

眼看国破家亡、民不聊生，可还有人在那里炫耀自己的武力，征战不已；那些皇亲贵戚，身体将要成为北邙山陵墓间狐鼠的食物，却还在吝啬自己的财富。俗语说："野兽虽容易制伏，但人心难以降服；沟壑虽然容易填平，但人的欲望难以满足。"真是经验之谈呀！

八四

权贵龙骧[①]，英雄虎战，以冷眼视之，如蚁聚膻[②]，如蝇竞血；是非蜂起，得失猬兴[③]，以冷情当之，如冶化金[④]，如汤消雪[⑤]。

注释

①龙骧：指气概威武。骧，高举。

②膻：腥膻。

③猬兴：刺猬将毛刺竖起。

④冶：熔炉。

⑤汤：开水。

译文

权贵们威武的气势，英雄们战斗的勇猛，如果用冷静的眼光来看，就如同蚂蚁被膻腥味道引诱而聚在一起，苍蝇为争食血腥而聚集在一起；是非宛如群蜂飞起一般纷乱，得失宛如刺猬竖起的毛刺一样密集，这种情景如果用冷静的头脑来观察，不过如在熔炉里冶铁，用开水融化寒雪一般。

八五

饱谙世味[①]，一任覆雨翻云，总慵开眼[②]；会尽人情，随教呼牛唤马[③]，只是点头。

注释

①谙：熟悉，了解。

②慵：懒惰。

③呼牛唤马：形容毁誉随人，语出《庄子·天道》篇："昔者子呼我牛也而谓之牛，呼我马也而谓之马。苟有其实，人与之名而弗受，再受其殃。"

译文

一个饱经世态炎凉的人，任凭世事的变化，连眼睛都懒得再睁开去过问其中的是非；一个看透人情世故的人，即使人们对他呼牛唤马，或褒或贬，他都会若无其事地微笑点头。

八六

一事起则一害生，故天下常以无事为福。读前人诗云："劝君莫话封侯事，一将功成万骨枯。"又云："天下常令万事平，匣中不惜千年死[①]。"虽有雄心猛气，不觉化为冰霰矣[②]。

注释

①匣中：指宝剑。千年死：指宝剑置于匣中，千年不用，谓天下无征战。

②冰霰xiàn：指冰雪。霰，空中降落的白色不透明小雪粒，多在下雪前或下雪时见到。

译文

但凡事情的成功都会带来它有害的一面，所以天下人常把平安无事视为福泽。读前人所作的诗："劝君莫话封侯事，一将功成万骨枯。"又说："天下常令万事平，匣中不惜千年死。"读了这些诗句，即使心中有雄心壮志，也会在不知不觉间化为冰雪。

八七

会得个中趣[1]，五湖之烟月尽入寸里[2]；破得眼前机[3]，千古之英雄尽归掌握。

注释

①个中：此中。

②寸里：心里。

③破：看破。

译文

能体会到藏在事物中的乐趣，则五湖四海的烟月美景都可尽入心中；能看破事物发展的规律，则千古英雄都能被理解。

八八

学者有段兢业的心思，又要有段潇洒的趣味。若一味敛束清苦[①]，是有秋杀无春生[②]，何以发育万物？

注释

①敛束：严格管束。

②秋杀：与“春生”相对，指秋日的肃杀之气。

译文

做学问的人，除了要兢兢业业、踏实努力以外，还要有从容洒脱的气度。如果一味克制约束自己过极端清苦的生活，就像只有秋日的肃杀之气，而无春天的生机，又怎能培育万物而至开花结果呢？

八九

贪得者分金恨不得玉，封公怨不受侯[①]，权豪自甘乞丐；知足者藜羹旨于膏粱[②]，布袍暖于狐貉，编民不让王公[③]。

注释

①公：爵位名，古代分为公、侯、伯、子、男五等爵位。

②藜羹：野菜汤，指粗食。膏粱：形容菜肴味美。

③编民：也作编氓，编列于户籍之民，即普通平民百姓。

译文

贪得无厌的人，分给他金子他还向你抱怨没有得到珠宝，封他公爵还怨恨没封侯爵，这种人虽然身居高位，但其实和乞丐没什么两样；自知满足的人，即使喝野菜汤也比吃山珍海味还要香甜，穿粗布袍子也比穿狐袄貉裘还要温暖，这种人虽说为一介平民，但实际上比王公还要高贵。

九〇

山林之士，清苦而逸趣自饶[①]；农野之夫，鄙略而天真浑具[②]。若一失身市井驵侩[③]，不若转死沟壑神骨犹清。

注释

①饶：丰富。

②鄙略：指才华低劣。鄙，浅陋。略，才华。

③驵zǎng侩：居中介绍买卖之人。

译文

隐居山野林泉的人，生活虽清贫，但是精神上有很多的雅趣；种田耕作的人，才华知识虽然浅薄，但是具有朴实纯真的天性。假如一旦回到城市，变成一个充满市侩气的奸商，倒不如死在野外的沟壑，还能保持其清高的风骨。

为人

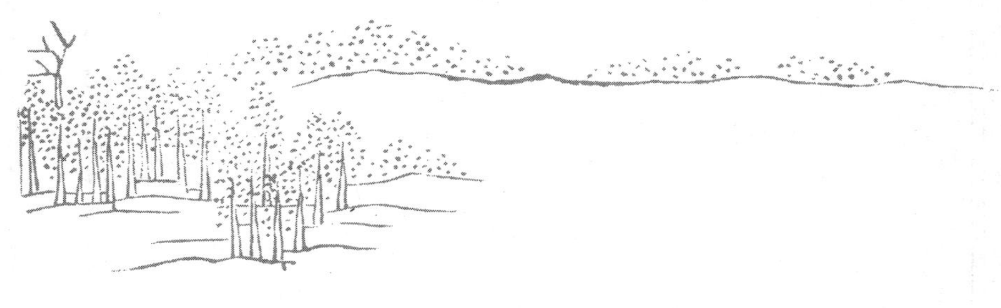

修身、齐家、治国、平天下，是中国传统士大夫理想的“内圣外王”之道，《菜根谭》作者也不例外。他要求人们正确处理义利、善恶、清浊、进退之关系，身体力行，做一个道德君子。

九一

涉世浅[1]，点染亦浅[2]；历事深，机械亦深[3]。故君子与其练达，不若朴鲁[4]；与其曲谨[5]，不若疏狂[6]。

注释

①涉世：经历世事。

②点染：国画中在纸上进行渲染的一种笔法，这里引申为污染。

③机械：比喻人的心机精妙巧诈。如《淮南子·本经训》："机械诈伪，莫藏于心。"

④朴鲁：朴实憨厚。

⑤曲谨：谨小慎微，曲意迎合。

⑥疏狂：狂放不羁，清高孤傲。

译文

刚踏入社会、阅历很浅的人，沾染各种恶习的机会也较少；而饱经世事的人，心性可能会变得巧诈，城府很深。所以有修养的君子，与其讲求处事圆滑老练，不如保持质朴的个性；与其事事小心谨慎、曲意迎合，倒不如豁达疏朗而不拘小节。

九二

势利纷华，不近者为洁，近之而不染者为尤洁；智械机巧[①]，不知者为高，知之而不用者为尤高。

注释

①智械机巧：泛指各种为人处世的权谋心机。智械，智谋、算计。机巧，巧妙、机灵。

译文

权利和财富，不接近的人品行高洁，接近而不受其污染那就更高洁了；权谋诡诈，以不通晓的人为高明，通晓而不使用就更高明了。

九三

交友须带三分侠气，作人要存一点素心[①]。

注释

①素心：指纯洁无邪的心地。素，指未经染色的纯白细绢，引申为纯洁。

译文

结交朋友，需抱有患难与共、肝胆相照的侠义精神，而做人却要有一颗天真纯朴的赤子之心。

九四

处世让一步为高，退步即进步的张本[①]；待人宽一分是福，利人实利己的根基。

注释

①张本：指为事情的发展预先打好根基。

译文

凡与人共事时，抱有谦让的态度算高明，其实退让一步等于为日后进一步做好准备；待人接物时，最好要有宽广的心胸，不可斤斤计较，因为与人方便，实际上是日后别人方便于己的前提。

九五

盖世功劳，当不得一个“矜”字[①]；弥天罪过[②]，当不得一个“悔”字。

注释

①当不得：抵不住。矜：自负、骄傲。

②弥天：满天，极言其大。

译文

即便功劳盖世，也抵不住骄傲自满带给你的灾祸；而能及时悔过，即使犯了滔天罪行，也能得到宽恕。

九六

处世不必邀功，无过便是功；与人不求感德，无怨便是德。

译文

人生在世不必想方设法追求功名显达，没有过错就是功劳；帮助别人不必希求对方感恩戴德，只要他人对你不怨恨，就算有恩德了。

九七

忧勤是美德①，太苦则无以适性怡情②；澹泊是高风③，太枯则无以济人利物④。

注释

①忧勤：忧心勤勉，指做事非常认真负责。

②太苦：指对自己要求太苛刻。苦，多。

③高风：高尚的风骨或节操。

④枯：本指树木枯萎，此处指毫无情趣过分淡泊，不近人情的意思。济人利物：接济世人，利益天下。

译文

做事认真负责是一种很好的品德，但如果太过苛刻，就会使紧张的精神得不到调剂，甚至失去生活的乐趣；淡泊名利本是一种高尚的情操，但是过分、清心寡欲显得不近人情，对于社会来讲也不会有什么大的贡献。

九八

人情反覆[①]，世路崎岖。行不去，须知退一步之法；行得去，务加让三分之功[②]。

注释

①人情反覆：人的情绪、欲望变化不定。

②功：美德。

译文

人情冷暖变化无常，世间道路崎岖不平。当你遇到困难走不下去时，须明白退一步的方法；当你一帆风顺时，一定要有谦让三分的美德。

九九

待小人不难于严，而难于不恶[①]；待君子不难于恭，而难于有礼[②]。

注释

①恶：憎恶。《论语·里仁》："惟仁者能好人，能恶人。"

②难于有礼：与君子相处时，很难做到像君子那样彬彬有礼。

译文

对待品德不端的小人，持有严格的要求并不难，难的是在内心深处不憎恶他们；对待品德高尚的君子，做到恭敬并不难，难的是和他们相处时真正做到有礼。

一〇〇

立身不高一步立，如尘里振衣[①]、泥中濯足[②]，如何超达？处世不退一步处，如飞蛾投烛[③]、羝羊触藩[④]，如何安乐？

注释

①尘里振衣：在灰尘中抖去尘土会越抖越多，此处比喻做事徒劳无功，甚至适得其反。振衣，抖掉衣服上沾染的灰尘。

②泥中濯足：在泥里洗脚，必然是越洗越脏，比喻白费力气。

③飞蛾投烛：又作“飞蛾扑火”，每当飞蛾接近灯火往往葬身火中，喻自取灭亡。

④羝dī羊触藩：公羊雄健而鲁莽，喜欢用犄角顶撞篱笆，往往把犄角卡住而不能自拔。《易经·大壮》：“羝羊触藩，羸其角，不能退，不能遂。”这里指做事处于进退两难的困境。

译文

立身处世如果不能站得高看得远，就好像在尘土里企图抖掉衣服上的灰尘，在泥水里洗濯双脚，如何能超凡脱俗、出人头地呢？处理事物如何不做留有余地的打算，就好比飞蛾扑火、公羊顶撞篱笆被卡住角一般，如何能够使自己的身心感到愉悦呢？

处治世宜方①，处乱世当圆②，处叔季之世当方圆并用③。待善人宜宽，待恶人当严，待庸众之人宜宽严互存。

注释

①治世：指太平盛世，政治清明，人民安居乐业。方：有棱有角，这里指为人正直，品行端正。

②乱世：治世的对称，指政治黑暗、混乱纷争的时代。圆：没有棱角，圆通，随机应变。

③叔季之世：古时兄弟少长顺序按伯、仲、叔、季排列，叔、季在兄弟中排行最后，比喻末世将乱的时代。

译文

生活在政治清明、天下太平的时代，待人接物应该秉持正直、爱憎分明的态度；处在政治黑暗、天下纷争的乱世，待人接物应圆滑老练、随机应变；当国家行将衰亡的末世，待人接物就要刚直与圆滑并用。对待善良的君子要宽厚，对待品行不端的小人要严厉，对待普通平民大众要宽严并用。

我有功于人不可念[①]，而过则不可不念[②]；人有恩于我不可忘，而怨则不可不忘[③]。

注释

①功：对他人有恩或给予帮助。念：念念不忘。

②过：对他人有所冒犯的言行。

③怨：指别人冒犯自己的地方。

译文

施与别人的恩惠，事后就不要总放在心上，而对自己的过失，要永远念念不忘。别人对我有恩德，我要念念不忘，别人对不起我的地方，事过境迁，便应将其忘怀。

一〇三

施恩者，内不见己，外不见人[①]，即斗粟可当万钟之惠[②]；利物者，计己之施，责人之报，虽百镒难成一文之功[③]。

注释

①内不见己，外不见人：一个人做了有益于别人的好事，从来不将这件事放在心上，也不向外宣扬。见，同“现”。

②斗粟：形容很少。斗，量器名，十升为一斗。万钟：形容多。钟，量器名。

③百镒yì：指百镒黄金。镒，古时重量单位，二十四两为一镒。

译文

对人施与恩惠或帮助，不可总记在心头，对外也不要四处宣扬，这样斗米也可收到万钟的回报；那些企图以小恩小惠来获取报答的人，如果老是计较这些，且每每盼望别人的报答，即使付出一百镒黄金，也难收到一文钱的回报。

一〇四

为恶而畏人知，恶中犹有善路[1]；为善而急人知，善处即是恶根[2]。

注释

①善路：学好、向善的道路。

②恶根：罪恶的根源。佛教术语，本指未闻佛法、心不向善的人的根基。

译文

一个人做了坏事后又怕别人知道，这种人还保留了一些羞耻之心，恶性中还有向好的方面转化的希望；一个人做了一点善事便急切地想让人知道，说明他做好事的动机不纯，这种做善事有目的的人，实际潜伏着恶的苗头。

一〇五

福不可徼[1]，养喜神以为招福之本[2]；祸不可避，去杀机以为远祸之方[3]。

注释

①徼jiǎo：祈福。

②喜神：此指喜悦的神情。

③杀机：凶残的念头。远祸之方：远离祸害的办法。

译文

幸福不可强求，不过只要经常保持心情愉快，就能构筑追求人生幸福的基础；人间的灾祸难以避免，自己能做的无非是去掉凶残的念头，这也算是远离灾祸的好办法。

一〇六

天地之气，暖则生，寒则杀。故性气清冷者，受享亦凉薄；唯和气热心之人，其福亦厚，其泽亦长。

译文

大自然四季运转，气候温暖则万物生长，天寒地冻则万物肃杀。因此做人的道理也与此相似，一个性情冷漠的人，他所能得到的福泽也不会深厚；只有那些个性温和而又热情待人的人，才能得到深厚而长久的恩泽。

一〇七

地之秽者多生物，水之清者常无鱼[①]。故君子当存含垢纳污之量[②]，不可持好洁独行之操[③]。

注释

①水之清者常无鱼：出自《孔子家语》："水至清则无鱼，人至察则无徒。"

②含垢纳污之量：指有容纳、忍受肮脏和丑恶的气量。此处是比喻气度宽宏、有容忍雅量。

③操：操守、志向。

译文

一块充满腐草和粪便的土地，才有足够的养料供许多植物生长；一条清澈见底的河流，常常不会有鱼虾繁殖。所以君子应该有包容万物的气度，绝对不可因洁身自好而孤傲不群。

一〇八

平民肯种德施惠[①]，便是无位的公相[②]；士夫徒贪权市宠[③]，竟成有爵的乞人。

注释

①种德：行善积德。

②无位的公相：没有爵位的公卿将相。

③士夫：士大夫的简称，与上文“平民”相对。贪权市宠：贪图权势，祈求获得宠爱。市，营求。

译文

一介平民只要肯广施恩惠、多积功德，就像是一个没有爵位的卿相受到别人的尊敬；反之，只是一味贪图权势，对上谄媚以获得宠信，即使是一个达官贵人，此种行径也会使他看起来如同一个拥有爵禄的乞丐一样。

一〇九

君子而诈善[①]，无异小人之肆恶[②]；君子而改节[③]，不及小人之自新。

注释

①诈善：假装善行。

②肆恶：即肆意作恶。

③改节：指丧失操守。

译文

假装善良的伪君子，和恣意作恶的小人没什么不同；君子突然改变操守，还不及小人及时悔过自新。

一一〇

爽口之味[1]，皆烂肠腐骨之药，五分便无殃[2]；快心之事，悉败身丧德之媒，五分便无悔。

注释

①爽口：可口。

②五分：作半数解。

译文

可口的美味，多吃便会伤害肠胃、腐蚀身骨，与毒药无异，有节制地食用才不会伤害身体；那些常常能带来享受的事情，是引诱人们走向身败名裂的媒介，所以凡事不可只图自己一时快乐，要保持清醒，做到适可而止才能避免懊悔。

一一一

曲意而使人喜[1]，不若直躬而使人忌[2]；无善而致人誉，不若无恶而致人毁。

注释

①曲意：委屈自己的意志，而顺从别人。

②直躬：以正直之道待人。

译文

与其靠阿谀奉承以博取别人的喜欢，不如正直做人而遭到小人的嫉恨；与其享受那些名不副实的赞誉，还不如一生没有恶行而被小人所诽谤。

一一二

千金难结一时之欢，一饭竟致终身之感[①]。盖爱重反为仇[②]，薄极翻成喜也[③]。

注释

①“一饭”句：据《史记·淮阴侯列传》记载，韩信穷困潦倒时，有一漂母见其可怜，施舍他一顿饭。韩信很感激，不料漂母说：“大丈夫不能自食，吾哀王孙而进食，岂望报乎！”韩信发达后，以千金为报。

②爱重：爱得深切。

③薄极：极小的恩惠。

译文

价值千金的恩惠，有时难以换得哪怕一时的真正情谊，而平常的一顿粗茶淡饭，可令人一生不忘，永远心存感激。或许当一个人爱得深切后，反而会翻脸成仇，而平淡的交情反而会让人感到欣喜自如。

一一三

藏巧于拙，用晦而明[①]，寓清于浊，以屈为伸，真涉世之一壶[②]，藏身之三窟也[③]。

注释

①用晦而明：藏明于内，外表看似晦暗，结果反而明亮。

②一壶：指平时并不值钱的东西，到紧要关头就能成为保全自身的宝物。壶，通“瓠”，即瓠瓜，体轻能浮于水，古人乘舟渡河时系于腰间，一旦落水可以作为助凫的工具。

③三窟：即通常所说的“狡兔三窟”，这里比喻处世圆滑，为自己留下很多后路。

译文

做人要把智巧隐藏在笨拙中，将显赫包裹在平凡之中，将清明潜藏在浑浊之中，学会以退为进的方法，这才是立身处世最为有用的救命法宝，是保护自己最好的藏身之处，堪比狡兔三窟。

一一四

害人之心不可有，防人之心不可无，此戒疏

于虑也[①]。宁受人之欺，毋逆人之诈[②]，此警伤于察也[③]。二语并存，精明而浑厚矣[④]。

注释

①疏于虑：疏于防备、思虑。

②逆：预先推测。

③伤于察：过于警觉。伤，有过度意。

④浑厚：浑朴、纯厚。

译文

“害人的心思不可有，防人的心思不可无”，这是用来提醒那些在与人交往时警觉性不够、思虑不周全的人；“宁可忍受他人的欺骗，也不事先拆穿人家的骗局”，这是用来规劝那些警惕性过高、想得太细的人。如果能很好地把握这两条箴言的意味，那么在与人相处时，就能做到既精明强干又不失纯朴宽厚。

一一五

善人未能急亲[①]，不宜预扬[②]，恐来谗谮之奸[③]；恶人未能轻去[④]，不宜先发[⑤]，恐招媒蘖之祸[⑥]。

注释

①善人：品行高尚的人。急亲：急于交往、与之亲近。

②预扬：预先宣扬其善行。

③谗谮zèn：谗言、诬陷。这里指颠倒是非，恶言诽谤。

④轻去：轻易摆脱。

⑤先发：事先表达出自己的想法。

⑥媒蘖niè：酿酒曲，比喻借故陷害人而酿成其罪。

译文

对于一个有修养的君子，不必着急跟他亲近，也不必事先来赞扬他，以免引起坏人的嫉妒而在背后诬蔑诽谤；对于卑鄙下流的小人，绝对不可以草率行事，随便打发他们离开，也不要早早揭发他们的丑陋，以免遭到报复而给自己惹来祸端。

一一六

有妍必有丑为之对[①]，我不夸妍，谁能丑我[②]？有洁必有污为之仇[③]，我不好洁[④]，谁能污我？

注释

①妍：美好。陆机《文赋序》："妍蚩好恶，可得而言。"

②丑我：令我感到难堪。

③仇：相对应。

④好洁：标榜自己洁身自好。

译文

美和丑相对存在，如果我不自夸多么美丽，又有谁会故意讽刺我的丑陋呢？有洁净必会有肮脏来与之相对应，如果我不标榜自己洁白无瑕，又有谁能玷污得了我呢？

一一七

恶忌阴[①]，善忌阳[②]。故恶之显者祸浅，而隐者祸深；善之显者功小，而隐者功大。

注释

①恶忌阴：做坏事最怕就是在不为人知的阴暗处。
②善忌阳：做了好事，最忌讳的是想被人知道，广为宣扬。

译文

一个人干了坏事，最怕的是还隐藏在不为人知的阴暗之处，做了好事最不宜的是想让大家都知道，把自己宣扬出去。所以恶行明显，危害较小，恶行隐蔽，危害就大了；同理，如果一个人做了好事就宣扬出去，那功德就会变小，只在暗中默默行善，功德反而大很多。

一一八

士君子贫不能济物者[①]，遇人痴迷处[②]，出一言提醒之，遇人急难处，出一言解救之，亦是无量功德[③]。

注释

①济物：用物质帮助别人。

②痴迷：指对一个问题感觉到迷惑不解。

③无量功德：佛家语，亦作“功德无量”。多指念经、诵经等佛教功课，后引申为一个人的功劳、恩德。

译文

品德高尚的君子，即使因家境清贫而不能给予别人物质上的帮助，可当他人遇到一些问题感到迷惑时，能及时出言提醒，使之有所领悟，或者他人遇到急难事，而能从旁边仗义执言，来解救危难，这也算是一种很大的功德。

一一九

饥则附[①]，饱则飏[②]，燠则趋[③]，寒则弃，人情通患也。君子宜当净拭冷眼[④]，慎勿轻动刚肠[⑤]。

注释

①附：依附。

②飏yáng：同“扬”，飞去、离去。《晋书·慕容垂载记》：“垂犹鹰也，饥则附人，饱便高飏。”

③燠yù：温暖，此处形容富贵人家。

④冷眼：冷静的眼光。

⑤刚肠：个性耿直。嵇康《与山巨源绝交书》：“刚肠嫉恶，轻肆直言，遇事便发。”

译文

穷困饥饿时投靠别人，吃饱后却一走了之；谄媚富贵人家，鄙弃贫困人家，此是人性中普遍存在的现象。所以，君子对这种世态人情应冷眼旁观，不要轻易动怒。

念头宽厚的，如春风煦育[①]，万物遭之而生；念头忌刻的[②]，如朔雪阴凝[③]，万物遭之而死。

注释

①煦育：温暖催生。

②忌刻：妒忌、刻薄。

③朔：北方。阴凝：雪因阴冷久积不化。

译文

心地宽厚的人，好比温暖的春风可以催生万物，能给世间万物带来生机；胸襟狭隘、刻薄猜忌的人，好比阴冷凝固的霜雪，世间万物与之相遇则会衰亡。

一二一

遇故旧之交，意气要愈新[①]；处隐微之事[②]，心迹宜愈显；待衰朽之人[③]，恩礼当愈隆[④]。

注释

①意气：情谊，恩义。
②隐微之事：隐蔽的事情，即不易为人所知晓的事。
③衰朽：年老力衰。
④恩礼：礼数、待遇。

译文

遇到多年不见的老朋友，情意要更加热情真挚；处理某种隐秘的事情时，心地要更加光明；服侍年老力衰之人，举止要特别尊敬，礼节要更加周到。

一二二

休与小人仇雠[①]，小人自有对头；休向君子谄媚，君子原无私惠[②]。

注释

①仇雠chóu：结仇。

②私惠：这里指徇私情。

译文

不要跟品德恶劣低下的小人结仇，因为小人自然有他的对头；不要谄媚品德高尚的君子，因为君子不会徇私情。

一二三

宁为小人所忌毁，毋为小人所媚悦；宁为君子所责备，毋为君子所包容。

译文

为人处世宁可被小人猜忌、毁谤，也不要为小人的恭维谄媚所迷惑；为人处世宁可受到君子的责难训斥，也不要因被其宽容而心存侥幸。

一二四

好利者，逸出于道义之外[①]，其害显而浅；好名者，窜入于道义之中[②]，其害隐而深。

注释

①逸出：越过范围。

②窜入：隐匿。

译文

贪财的人，因唯利是图，他的所作所为经常超出道义的范围，逐利的危害很明显；好名的人，经常混迹于仁义道德中道貌岸然，他所做的坏事不易被人察觉，这样的人所造成的危害隐蔽而深重。

一二五

受人之恩，虽深不报，怨则浅亦报之；闻人之恶，虽隐不疑①，善则显亦疑之。此刻之极，薄之尤也②，宜切戒之。

注释

①虽隐不疑：对于别人的坏事即使是隐隐约约听到，只有一点苗头，却也深信不疑。

②尤：过分。

译文

受到别人的恩惠，即使很深厚，也不思回报，而对别人的一点埋怨，却一心想要报复；听到别人的恶行，即使没有多少根据，也深信不疑，而众所周知的善行，却怀疑其真实性。这种品行是极其刻薄的，应该严加戒绝。

一二六

谗夫毁士，如寸云蔽日，不久自明；媚子阿人，似隙风侵肌[1]，不觉其损。

注释

①隙风：从墙壁和门窗的缝隙吹来的风，据说这种风最易使人身体受损而生病。

译文

用恶言毁谤或诬蔑他人的小人，就像点点浮云遮住太阳一般，只要风吹云散，自然光明重现；靠甜言蜜语阿谀逢迎的小人，就如同从门缝中吹进来的邪风一样侵害身体，在不知不觉中受其伤害。

一二七

处世不宜与俗同[1]，亦不宜与俗异；作事不宜令人厌，亦不宜令人喜。

注释

①俗：指一般、普通。

译文

君子处世不能太庸俗，也不要处处标新立异；处理问题不必刻意迎合，使所有人感到厌恶，但也不能凡事都讨人欢心。

一二八

俭，美德也，过则为悭吝[①]，为鄙啬[②]，反伤雅道[③]；让，懿行也[④]，过则为足恭[⑤]，为曲谨，多出机心[⑥]。

注释

①悭吝：小气，吝啬。

②鄙啬：有钱但舍不得用，斤斤计较。

③雅道：即正道，此处指朋友之间的交往之道。

④懿行：美好的行为。

⑤足恭：过分谦恭而近于谄媚。

⑥机心：工于机巧之心。

译文

节俭本是一种美德，然而过分节俭，就是吝啬，斤斤计较，如此反而会破坏正道。谦让本是一种美德，可是凡事谦让过度，就会变得不顾大体、一味逢迎，以致成为心机太重的小人。

一二九

毋忧拂意[①]，毋喜快心[②]，毋恃久安，毋惮初难[③]。

注释

①拂意：不合心意，不如意。

②快心：称心如意。

③惮：恐惧，害怕。初难：做事情开始阶段遇到的困难。

译文

不要因为事情不如意而烦恼，也不要因为事事如意而忘乎所以，不要由于长久的安居而自以为高枕无忧，也不要由于一件事一开始有困难就不敢前进。

一三〇

风斜雨急处[①]，要立得脚定；花浓柳艳处[②]，要着得眼高；路危径险处[③]，要回得头早。

注释

①风斜雨急：此指社会发生动乱，人世沧桑莫测。

②花浓柳艳：古代文人笔下常用花来形容女子美貌，用柳来比喻女子风姿绰约。

③路危径险：比喻世路艰辛，坎坷难测。

译文

在动荡不安的时局中，要把握住自己站稳脚跟；在金钱美色面前，必须把眼光放得高远才不致迷惑；深陷危险的时候，要做到及时止步，以免深陷其中，不能自拔。

一三一

节义之人济以和衷[①]，才不启忿争之路；功名之士承以谦德[②]，方不开嫉妒之门。

注释

①济：增加。和衷：平和大度。

②谦德：谦虚的品德。

译文

有高尚道德情操的人，对世事的看法容易偏激，如果以平和大度的心态来调和自己，就不会有意气之争。一个功成名就的人，要有谦恭的美德，才不会引起别人的嫉妒。

一三二

大人不可不畏[1]，畏大人则无放逸之心[2]；小民亦不可不畏[3]，畏小民则无豪横之名[4]。

注释

①大人：指古代社会中地位高、有道德、有声望之人。据《论语·季氏》篇："君子有三畏：畏天命，畏大人，畏圣人之言。"

②放逸：放任自由。

③小民：平民百姓。

④豪横：横行霸道。

译文

对有高深道德修养的人不可不敬畏，因为对他们心存敬畏，不会有放纵安逸的想法；对平民百姓也不可不敬畏，因为对他们心存畏惧，才不会背负豪强蛮横的恶名。

一三三

人情听莺啼则喜，闻蛙鸣则厌，见花则思培之，遇草则欲去之，俱是以形气用事[1]。若以性天视之[2]，何者非自鸣其天机，非自畅其生意也？

注释

①形气：形，躯体。气，喜怒哀乐的情绪。形与气和内在天性相比都表现于外。

②性天：天性。

译文

从人之常情来说，每当听到黄莺婉转的啼叫就高兴，听到青蛙呱呱的叫声就厌烦，看到美丽的花卉就想培植，看到杂乱的野草就想清除，这完全是根据自己的喜怒爱憎来判断事物。但如果按照物种的天性来说，这些何尝不是在宣扬它们快乐的天性，舒展它们蓬勃的生机呢？

一三四

峨冠大带之士[①]，一旦睹轻蓑小笠[②]，飘飘然逸也，未必不动其咨嗟[③]；长筵广席之豪[④]，一旦遇疏帘净几，悠悠焉静也，未必不增其绻恋。人奈何驱以火牛[⑤]，诱以风马[⑥]，而不思自适其性哉？

注释

①峨冠大带：古代高官所穿朝服。

②轻蓑小笠：指平民百姓的衣着。

③咨嗟：赞叹，感叹。

④长筵广席：形容宴客场面的豪华奢侈。

⑤火牛：典出《史记·田单列传》齐将田单驱火

牛大败燕军之事。此借以比喻强力攻击。

⑥风：雌雄相诱相逐。

译文

峨冠大带的达官贵人，一旦看到细雨中轻蓑小笠的悠然之姿，未必不感叹其飘逸；大宴众宾广设肴席的豪门显贵，偶遇疏帘净几、悠悠啜茗的宁静场景，难免要有一种留恋不忍离去的情怀。既然如此，世人为什么还要枉费心机，放纵欲望，追名逐利，而不去过那种恬然清淡、符合人之本性的生活呢？

一三五

万籁寂寥中，忽闻一鸟弄声，便唤起许多幽趣；万卉摧剥后①，忽见一枝擢秀，便触动无限生机。可见性天未常枯槁，机神最易触发②。

注释

①卉：草的总名。摧剥：摧残。

②机神：即灵感。

译文

万籁俱静中，忽然听到一阵悦耳的鸟鸣，便会唤起许多幽趣；当所有花草都枯萎凋零，忽然看见其中有一株挺拔的花草屹立其间，就会感到无限生机，可见万物的本性并不会完全枯槁，生命的灵感最容易被触发。

一三六

酞肥辛甘非真味[①]，真味只是淡；神奇卓异非至人[②]，至人只是常[③]。

注释

①酞肥辛甘：泛指美味佳肴。酞，美酒。真味：美妙可口的味道，喻人的自然本性。

②神奇：指才能智慧超越常人。至人：道德修养都达到完美无缺的人，代表人的最高境界。

③常：普通，平常。

译文

美酒佳肴并不是真正的美味，真正的美味只有在粗茶淡饭中才能体会；才智卓绝超凡的人，还不算人间真正完美无缺的人。其实，真正完美无缺的人看起来是平凡无奇的人。

一三七

富贵家宜宽厚而反忌克[①]，是富贵而贫贱，其行如何能享？聪明人宜敛藏而反炫耀，是聪明而愚懵，其病如何不败？

注释

①忌克：猜忌，刻薄。

译文

富贵的家庭本应处世宽厚，但偏偏刻薄猜忌，这种人家虽然家藏万贯，但其所作所为十分卑贱，因此，怎能享受富贵之福呢？一个聪明人，应当懂得将自己的聪明才华敛藏起来，反而以此处处炫耀，这其实是一种貌似聪明的愚蠢之举。这种人在生活中，怎能不遭受挫败呢？

一三八

利欲未尽害心，意见乃害心之蟊贼；声色未必障道①，聪明乃障道之藩屏②。

注释

①声色：泛指沉湎于享乐的颓废生活。

②藩屏：屏障、障碍。

译文

利欲未必都会扼杀天性，而主观偏狭的思想观念才是残害心灵的毒虫；声色享乐未必都会妨碍人们对大道的体认，自作聪明才是修悟道德的最大障碍。

一三九

降魔者先降其心[①]，心伏则群魔退听[②]；驭横者先驭其气[③]，气平则外横不侵。

注释

①魔：此处为阻碍修行之义。

②退听：指听从本心的命令，又有不起作用之义。

③驭横：控制强横无理的外物。气：指内心的强横之气。

译文

要想制服人世间的邪魔，首先必须控制自己内心的邪念，内心的邪念平息了，邪恶自然也不起作用而退却。要想控制不合理的强横之事，必须先控制自己容易躁动的情绪，情绪控制住以后自然会心平气和，所有外来的强横之物也就不能侵入。

一四〇

念头浓者自待厚，待人亦厚，处处皆厚；念头淡者自待薄，待人亦薄，事事皆薄。故君子居常嗜好，不可太浓艳，亦不宜太枯寂。

译文

一个想法和念头很多的人，对待自己很讲究，对待别人也讲究，因此凡事都讲求气派豪华；而一个欲望很少的人，不但自己过着清贫的日子，对待别人也很平淡，因此凡事都表现得冷淡无情。由此可见，一个有修养的君子，其日常生活的喜好，既不能太讲究豪奢，也不能过分吝啬。

一四一

人人有个大慈悲[1]，维摩屠刽无二心也[2]；处处有种真趣味，金屋茅檐非两地也[3]。只是欲闭情封[4]，当面错过，便咫尺千里矣。

注释

①慈悲：佛家语，能给他人以快乐叫慈，消除他人的痛苦叫悲。

②维摩：梵语维摩诘的简称，佛教中的大菩萨。与释迦同时人，辅佐佛教化世人。屠刽：屠是宰杀牲畜的屠夫，刽是以执行罪犯死刑为职业的刽子手，但同样具有佛性。

③“金屋”句：意谓金屋和茅檐都有人生的真趣味，并无本质差异。

④欲闭情封：受情欲的蒙蔽。

译文

每个人都有仁慈之心，无论是维摩诘还是屠刽都不例外；世间到处都有合乎自然的真正的生活情趣，在这一点上，富丽堂皇的豪宅和简陋的茅草屋也没什么差别。可惜人心经常为情欲所蒙蔽，因而就错过了真正的生活情趣，错过了这种境界，虽然只在咫尺之间，实际上已相去千里。

一四二

肝受病则目不能视，肾受病则耳不能听[①]。病受于人所不见，必发于人所共见。故君子欲无得罪于昭昭[②]，先无得罪于冥冥[③]。

注释

①“肝受病”二句：古人认为肝气通于目，肾气通于耳，故有此说。

②昭昭：光天化日，公开场合。据《庄子·达生》篇：“昭昭乎若揭，日月而行也。”

③冥冥：指人所看不见的暗处。《荀子·劝学》篇：“无冥冥之志者，无昭昭之明。”

译文

肝部有疾病，眼睛就会看不清，肾脏有疾病，耳朵就听不清。疾病发生在人们看不见的地方，但疾病的症状必然发作于人们都能看见的地方。所以君子若想在光天化日之下不被指责，就需要在人们看不见的心灵深处加强修养。

一四三

人之际遇，有齐有不齐[1]，而能使己独齐乎？己之情理，有顺有不顺，而能使人皆顺乎？以此相观对治[2]，亦是一方便法门[3]。

注释

①齐：通“济”。成功，成就。

②相观对治：相互对照修正。本是佛教的一种修持之法，即针对各种异执之见，根据佛法观察其因，然后加以破除。

③方便法门：佛家语，指领悟佛法的通路。方便，有权宜之意。法门，指佛法。

译文

人生的际遇，有时顺畅有时阻逆，怎能期望自己一直都一帆风顺呢？自己的情绪时好时坏，又怎能期望别人一直平心静气呢？以此相对照来观察事物，处理问题，也是一种修行的最好途径。

一四四

人知名位为乐，不知无名无位之乐为最真；人知饥寒为忧，不知不饥不寒之忧为更甚。

译文

人们都知道功名利禄能带来快乐，却不知不求名利地位的快乐才是真正的快乐；人们一般都了解缺衣少食的忧愁，却不知那些衣食无忧的人往往因患得患失而承受更大的忧愁。

一四五

天理路上甚宽[①]，稍游心，胸中便觉广大宏朗；人欲路上甚窄，才寄迹[②]，眼前俱是荆棘泥涂[③]。

注释

①天理：天道，与下文的“人欲”相对。

②寄迹：犹言涉足。

③荆棘泥涂：荆棘多刺，泥途难行，用于比喻坎坷难行的路或繁琐难办的事，又引申为艰难困苦的处境。涂，通“途”。

译文

天道犹如一条宽广的大路，只要稍加留心，心中便感觉豁然开朗；人欲的路途甚是狭窄，刚一涉足其间，便会觉得眼前一片荆棘泥泞，行进艰难。

一四六

耳目见闻为外贼[①]，情欲意识为内贼，只是主人公惺惺不昧[②]，独坐中堂[③]，贼便化为家人矣！

注释

①外贼：来自外部的侵害。佛家认为色、声、香、味、触、法六尘，以六根为媒介劫夺一切善法，所以佛家称其为“贼”。

②惺惺不昧：头脑清醒，不糊涂。惺惺，机警、清醒。不昧，不昏聩、不糊涂。

③中堂：中厅。

译文

耳目所喜欢的东西属于外来的侵害，内心的七情六欲则是内在的敌人。不管是内贼还是外贼，只要自己保持头脑的清醒警觉，做事遵循原则，做人恪守信念，那么所有这些诱惑都会变成你修身养性的资源，为你所驾驭。

一四七

气象要高旷，而不可疏狂。心思要缜细，而不可琐屑。趣味要冲淡，而不可偏枯。操守要严明，而不可激烈。

译文

一个人的气度要豁达开朗，却不可流于粗野狂放。心思要缜密细致，却不可繁杂纷乱。生活情趣要简单平淡，却不可过于枯燥单调。言行节操要光明磊落，却不可偏激刚烈。

一四八

舍己毋处其疑，处其疑，即所舍之志多愧矣①；施人毋责其报，责其报，并所舍之心俱非矣。

注释

①愧：亏、缺损。

译文

如果一个人在紧要关头需要自我牺牲，就不应计较利害得失，有了计较就会犹疑不决，最终会使自己的节操蒙羞。如果一个人施恩惠给他人，就不要心存得到回报的念头，如果要求他人感恩回报，那么原来帮助他人的一番好意，就会变得面目全非。

一四九

贞士无心徼福①，天即就无心处牖其衷②；憸人着意避祸③，天即就着意中夺其魄。可见天之机权最神④，人之智巧何益！

注释

①贞士：指志节坚定、操守正直的人。

②牖yǒu：诱导、启发。衷：内心。

③憸xiān人：小人，奸佞之人。

④机权：灵活变化。

译文

坚贞之士虽然无心祈求福祉，可是上天偏要在其无心处来启发他完成内心追求的事业；行为邪恶不正的小人，虽然用尽心机想逃避灾祸，可是上天在其巧用心机时把他吓得魂飞魄散。由此观之，上天变化莫测，极具玄机，人那点儿可怜的小伎俩，在上天面前又算得了什么呢？

一五〇

声妓晚景从良，一世之胭花无碍[①]；贞妇白头失守，半生之清苦俱非。语云："看人只看后半截[②]。"真名言也。

注释

①胭花：妓女之代称，此指妓女生涯。

②后半截：后半生，即晚年。

译文

以卖身为生的妓女，到了晚年如果能悔过从良，那么她以前的妓女生涯并不会成为评价她一生的污点；可是一个一生都坚守贞操的节烈妇女，到了晚年由于耐不住寂寞而失身，那么她前半生守寡所吃的苦就会毫无意义。俗话说："评定一个人的功过得失，关键是看他的晚节。"真是一句至理名言。

一五一

生长富贵丛中的，嗜欲如猛火[①]，权势似烈焰。若不带些清冷气味，其火焰不至焚人，必将自烁矣[②]。

注释

①嗜欲：对酒色财气的嗜好和愿望。

②自烁：自我毁灭。烁，通“铄”，熔化。

译文

人生活在富贵的环境中，因一切取之顺手，也就容易滋长不良的嗜好和习惯，势如猛火。假如不及时省察，用清醒的观念缓和一下强烈的欲望，那猛烈的欲火虽然不至于使人粉身碎骨，也终将会焚毁心灵的。

一五二

人心一真，便霜可飞①，城可陨②，金石可镂③。若伪妄之人④，形骸徒具，真宰已亡⑤。对人则面目可憎，独居则形影自愧。

注释

①霜可飞：五月飞霜，比喻受到的极大冤屈，也指不可能出现的奇迹。《后汉书·刘瑜传》引《淮南子》曰：“邹衍事燕惠王尽忠，左右谮之，王系之，仰天而哭，五月为之下霜。”

②城可陨：本指城墙可以拆毁崩塌，此处比喻至诚可感动上天而使城墙崩毁。据《古今注》中卷：“植战死，妻曰：‘上则无父，中则无夫，下则无子，人生之苦至矣。’乃抗声长哭，杞

都城感之而颓。”

③镂：雕刻。

④伪妄：虚伪。

⑤真宰：指本心。宰，主宰。

译文

如果一个人的精神修养能达到至真至诚的地步，就能够感动上天，变不可能为可能。例如，邹衍受到委屈感动上天，竟在五月的炎夏降下了霜雪；杞植的妻子由于悲痛丈夫战死，竟然哭塌了城墙；甚至就连最坚硬的金石，也会由于精诚所至而被雕凿贯穿。反之，如果一个人心存虚伪，念头邪恶，那他只不过是空有人的躯体，灵魂早已死亡，并且由于心术不正而招致别人的厌恶；独处时，即使面对自己的影子也会觉得万分羞愧。

一五三

文章做到极处，无有他奇，只是恰好；人品做到极处，无有他异，只是本然。

译文

文章做到极致，并没有什么奇特的之处，只不过是如实地把自己的思想感情表达得恰到好处；人的道德修养如果达到炉火纯青的境界，就和平常人没有什么区别，只是使自己的内心回归到最自然的状态而已。

一五四

怨因德彰[1]，故使人德我[2]，不若德怨之两忘；仇因恩立，故使人知恩，不若恩仇之俱泯[3]。

注释

①彰：明显，显著。

②德我：让人感我之德，此处的“德”用作动词。

③泯：消灭，泯灭。

译文

别人对你的怨恨，会因为你对他的恩德而更加明显，所以与其让别人感激你的恩德，不如把恩怨都忘掉；仇恨也会因恩惠而产生，与其施恩而希望别人感恩图报，不如让恩惠与仇恨都消灭。

一五五

公平正论不可犯手[1]，一犯手则贻羞万世[2]；权门私窦不可著脚[3]，一著脚则玷污终身。

注释

①犯手：触犯，违犯。

②贻羞：留下羞愧。

③私窦：意为专营私利的地方。著脚：意即踏进去。

译文

为社会公众共同认可的道德舆论不可随便触犯，一旦触犯，就会遗臭万年；权贵人家营私舞弊的地方千万不可试图接近，走进去的话，一辈子的清白人格就会被玷污。

一五六

当怒火欲水正腾沸时，明明知得，又明明犯着。知得是谁，犯着又是谁。此处能猛然转念，邪魔便为真君子矣[①]。

注释

①邪魔：邪恶的魔鬼，实指欲念。

译文

当心中的怒火燃烧、欲念翻腾时，自己明知这是不对的，可是又任由它们发作而不加控制。知道这种道理的是谁呢？明知故犯的又是谁呢？假如当此紧要关头能够突然改变观念，那么邪恶魔鬼也就变为真正的君子了。

一五七

毋偏信而为奸所欺，毋自任而为气所使[①]，毋以己之长而形人之短[②]，毋因己之拙而忌人之能。

注释

①自任：自以为是。气：意气。

②形：对照，比较。

译文

不要偏听偏信而为小人所欺骗，也不要自以为是而意气用事，不要用自己的长处来对比别人的短处，不要因自己的愚拙而嫉妒别人的才能。

一五八

霁日青天[①]，倏变为迅雷震电[②]；疾风怒雨，倏转为朗月晴空。气机何常一毫凝滞[③]？太虚何常一毫障塞[④]？人心之体亦当如是。

注释

①霁：雨后或雪后转晴。

②倏shū：迅速，突然。

③气机：指大自然的气象。常：通“尝”，曾经。

④太虚：古人对宇宙的别称。太，即“太一”。虚，虚空。

译文

万里晴空，会突然乌云密布、雷电交加；狂风怒吼、倾盆大雨，会突然转为皓月当空，晴天一碧。大自然的气象何尝有一丝一毫的停止？宇宙的运行又何曾发生过丝毫窒碍？所以，人心也要像大自然一样，体相两用，缘机而动。

一五九

胜私制欲之功[①]，有曰：识不早，力不易者；有曰:识得破,忍不过者。盖识是一颗照魔的明珠，力是一把斩魔的慧剑，两不可少也。

注释

①胜私制欲：战胜私欲，克制物欲。

译文

没能战胜私情，克制物欲的原因，有人说是由于既没能及早发现私欲的害处，又没有坚定的决心去控制，有人说是由于虽然能看清物欲的害处，但又无法拒绝物欲的吸引。所以一个人的见识是照出魔鬼的明珠，而决心是一把消灭魔鬼的利剑，两者都是战胜情欲所不可缺少的。

一六〇

觉人之诈[1]，不形于言[2]；受人之侮，不动于色。此中有无穷意味，亦有无穷受用。

注释

①觉：发觉，察觉。

②形：表露。

译文

觉察到别人的狡诈虚伪，不要在言论中给予揭发；公然遭受人家的侮辱，不要立即愤然作色。这其中不仅有很多值得回味的地方，还对自己的修为有莫大好处。

一六一

居盈满者，如水之将溢未溢，切忌再加一滴；处危急者，如木之将折未折，切忌再加一搦[1]。

注释

①搦nuò：压。

译文

当一个人有很大成就时，如水满到将溢未溢的程度，这个时候切忌再加入一点水，以免流出来；当一个人处在十分危难的情境中时，就像快要枯折的树木，千万不能再施加一点压力，以免折断。

一六二

吾身一小天地也，使喜怒不愆[①]，好恶有则，便是燮理的功夫[②]；天地一大父母也，使民无怨咨[③]，物无氛疹[④]，亦是敦睦的气象。

注释

①愆qiān：过失，罪过。

②燮xiè理：协调治理。

③怨咨：怨恨，叹息。

④氛疹：凶象，灾害。

译文

人的身体就等于是一个小世界，如果我们能做到无论高兴还是愤怒时，都不犯大的错误，对好恶有一定的标准，那么，这就是协调治理的功夫；天地就像人类的父母，要使民众没有牢骚怨尤，使万物不受灾害，这就是天地间一派敦睦的景象。

一六三

德随量进[1]，量由识长[2]。故欲厚其德，不可不弘其量；欲弘其量，不可不大其识。

注释

①量：气量，气度。

②识：知识，经验。

译文

人的品德会随着气量的宽大而增进，气量会因人的见识逐渐丰富而更为宽大。因此，想要培养自己深厚的品德，就不能不使自己的气量变得宽宏；要想使气量宽大，就不能不丰富自己的见识。

一六四

一灯萤然[1]，万籁无声，此吾人初入宴寂时也[2]；晓梦初醒，群动未起，此吾人初出混沌处也。乘此而一念回光，炯然返照，始知耳目口鼻皆桎梏[3]，而情欲嗜好悉机械矣[4]。

注释

①萤然：像萤火虫的光，比喻光线暗淡。

②宴寂：安闲，寂静。

③桎梏：古代的刑具，常喻指束缚。

④机械：机关和械具，比喻受到束缚和强制。

译文

夜灯微弱，大自然一片寂静，这时我们身心刚刚进入休息状态；初醒之晨，万物还没有开始一天的活动，这时我们刚从朦胧的梦境中醒来。当此之时，如果能把握那闪现在脑海的一线灵光，返照我们光明的内心，也就会知悉耳目口鼻都是束缚我们心智的桎梏，而情欲嗜好也全是牵制我们性灵的束缚。

一六五

反己者[①]，触事皆成药石[②]；尤人者[③]，动念即是戈矛。一以辟众善之路，一以濬诸恶之源[④]，相去霄壤矣。

注释

①反己：反省自己，以正确待人。

②药石：治病之物，此引申为劝谏他人之言。

③尤人：埋怨别人。

④濬jùn：通“浚”，开辟，疏通。

译文

经常自我反省的人，生活中发生的事情，都会成为自己修身养性的良药；经常怨天尤人的人，稍微一动念头就像是伤人的戈矛。前者能开辟出人们向善的道路，后者则成为引导人们走向罪恶的源泉，两者之间真有天壤之别。

一六六

水不波则自定，鉴不翳则自明[①]。故心无可清，去其混之者，而清自现；乐不必寻，去其苦之者，而乐自存。

注释

①鉴：镜子。翳yì：遮蔽。

译文

如果没有波浪，水面自然是平静的，如果没有障蔽，镜子自然是明亮的。因此，心灵的清净，本来不必去追求，只要除掉心中那些不好的念头，清净自然出现；心灵的欢乐不必到处寻求，只要除去心中折磨自己的痛苦和烦恼，欢乐自然也就来到。

一六七

居官有二语，曰："惟公则生明，惟廉则生威。"居家有二语，曰："惟恕则情平，惟俭则用足。"

译文

做官有两句警句："只有秉持公正才能清明，只有自身廉洁才能树立威严。"持家也有两句名言："只有宽厚仁恕才能有平和的心态，只有生活俭朴才能日用充足。"

一六八

德者，事业之基，未有基不固而栋宇坚久者；心者，修齐之根，未有根不植而枝叶荣茂者。

译文

一个人的品德是一生事业的基础，如同兴建高楼大厦，没有地基不稳固而却房屋坚固结实的；一个人的心性是修身齐家的根本，就像大树生长一样，不植根柢，大树不会繁茂，不修心性，子孙不会荣达。

一六九

为善不见其益，如草里冬瓜，自应暗长；为恶不见其损，如庭前春雪，当必潜消。

译文

做好事的人，虽然表面上可能看不到会有什么好处，但就像一个长在草丛里的冬瓜，自然会在幽暗的角落里一天天长大；做坏事的人，表面上看不出会有什么坏处，但就像院子里春天的积雪，阳光一照自然就会消失。

一七〇

凭意兴作为者，随作则随止，岂是不退之轮[1]；从情识解悟者[2]，有悟则有迷，终非常明之灯[3]。

注释

①不退之轮：佛家认为，佛法能摧毁众生的罪恶，所以佛法而是像法轮，能碾碎山岳岩石和一切邪魔恶鬼，而且认为法轮并不停在一处，而是像巨大的车轮那样永恒前进，故亦称为“不退之轮”。

②情识：这里指朴素的情感认识，尚缺乏理性认识的基础。

③常明之灯：即长明灯，指佛家所说的灵智的光明。

译文

凭一时感情冲动去做事的人，等到热度和兴致一消失，事情也就跟着停顿下来，这哪里是佛法中能摧毁众恶的永不停止的法轮呢？凭借感性去认识真理的人，有时能有所醒悟，有时也会感到迷惑，这种做法终非一盏长久光亮的灵智明灯。

一七一

能脱俗便是奇，作意尚奇者[①]，不为奇而为异[②]；不合污便是清，绝俗求清者[③]，不为清而为激[④]。

注释

①作意：刻意。

②异：行为特殊，标新立异。

③绝俗：弃绝时俗。

④激：偏激。

译文

能摆脱世俗之气、思想高远的人就是奇人，而那种刻意标新立异的人不是奇，而是怪异；不同流合污就算是清，为了表示自己清高而违反常情去追求清，这其实是一种偏激的表现。

一七二

责人者，原无过于有过之中[①]，则情平；责己者，求有过于无过之内[②]，则德进。

注释

①原：原谅。

②求有过于无过之内：自己本无过错，但也要从中找出不当之处，责己以严。

译文

责人以宽，当别人犯错时，能在错误中察知正确处而原谅他，这样才会心平气和；责己应严，自己无过错时也要时时找出不当之处，这样才能使自己的美德进步。

一七三

世人只缘认得“我”字太真，故多种种嗜好，种种烦恼。前人云：“不复知有我，安知物为贵？”又云：“知身不是我，烦恼更何侵？”真破的之言也[①]。

注释

①破的：本指箭射中目标，这里指说话恰当，一语中的。

译文

世间众人由于将“我”字看得太重，因此有了种种欲望和烦恼。前人说：“如果不执着于满足自己的欲望，那怎么会在意物品的宝贵与否呢？”又说：

"如果深知自己的身体并不属于自己，那么种种烦恼又怎能侵害我呢？"这真是一语中的。

一七四

自老视少，可以消奔驰角逐之心[①]；自瘁视荣[②]，可以绝纷华靡丽之念。

注释

①奔驰角逐：指拼命争夺利益。

②瘁cuì：本指身体过度劳累，这里有毁败的意思。

译文

以老年人的眼光来看少年时代的抱负，可以消除争名夺利的追逐之心；从没落中来看荣华富贵，可以杜绝向往豪华奢侈的心念。

一七五

人情世态，倏忽万端[①]，不宜认得太真。尧夫云[②]："昔日所云我，而今却是伊。不知今日我，又属后来谁？"人常作是观，便可解却胸中罥矣[③]。

注释

①倏忽：疾速；忽然。

②尧夫：北宋著名哲学家邵雍（1011—1077），祖籍范阳（今河北涿州），字尧夫。

③罥juàn：牵挂，牵系。

译文

人情冷暖、世态炎凉，错综复杂、瞬息万变，所以对任何事情都不要太执着。宋儒邵雍说："以前所说的我，如今却变成了他；不知道今天的我，到后来又会变成什么人？"一个人假如能经常抱有这种看法，心中的种种牵挂就可以消解了。

一七六

烈士让千乘[①]，贪夫争一文，人品星渊也[②]，而好名不殊好利；天子营家国[③]，乞人号饔飧[④]，位分霄壤也，而焦思何异焦声[⑤]。

注释

①烈士：刚烈之士，这里指重视道德节义的人。千乘：古时以一车四马为一乘。

②星渊：星在高空，渊在深潭，形容境界的高下极为悬殊。

③营：经营、管理。

④号：呼叫，哭喊。饔飧yōngsūn：泛指食物。饔，早餐。飧，晚餐。

⑤焦：烦忧。

译文

一个重视道义的人，能把千乘之国拱手让人；一个贪得无厌的人，即使一文钱也要和别人争抢，就人的品德来说，两者真是有天渊之别，但贪恋名声和追求钱财，两者在本质上并没什么区别；天子的职责是经营治理国家，乞丐终日为三餐哀告，就地位而言确实有天壤之别，但治理国家的焦思和挨门乞讨的哀号，就其劳心苦思来讲，也没有多少差别。

一七七

白氏云[①]："不如放身心，冥然任天造[②]。"晁氏云[③]："不如收身心，凝然归寂定[④]。"放者流为猖狂，收者入于枯寂。唯善操身心的，把柄在手，收放自如。

注释

①白氏：即唐代诗人白居易。

②冥然：昏昧不明的样子。

③晁氏：晁补之，宋朝人，字无咎，善于书画。

④寂定：佛家追求的摆脱妄心杂念而进入的禅定状态。

译文

白居易说："不如放下心中的包袱，昏昏然接受上天安排。"晁补之说："不如收束自己的身心，专注凝神，让自己归于禅定。”身心放任自流的人，容易使自己沾染上狂妄自大的毛病，主张约束身心的人，容易使自己陷于死寂。只有那些善于调整自己身心欲望的人，掌握事物的规律，才能达到收放自如的境界。

一七八

心旷，则万钟如瓦缶[1]；心隘，则一发似车轮。

注释

①万钟：形容十分丰厚的家产。钟，古代量器名。瓦缶：口小腹大的瓦制容器，平民家中常用之物。形容没价值的物品。

译文

心胸开阔的人，即使万贯家财也会视其若瓦罐般没价值；心胸狭隘的人，即使如发丝那样细小的利益也会看成车轮那么大。

一七九

无风月花柳，不成造化[1]；无情欲嗜好，不成心体。只以我转物[2]，不以物役我[3]，则嗜欲莫非天机[4]，尘情即是理境矣[5]。

注释

①造化：指大自然的创造化育。

②以我转物：以我为中心，自由自在地运用一切外物。转，控制，运用。

③以物役我：以物为中心，人甘愿为物的奴隶，受其驱使。役，役使。

④天机：大自然的巧妙安排。《庄子·大宗师》篇："其耆欲深者，其天机浅。"

⑤理境：理性、脱俗的境界。

译文

如果没有清风明月和红花绿柳，则不成其为大自然；如果没有七情六欲种种嗜好，人就不成其为真正的人。以我为中心来理解利用万物，不以外物为中心，来奴役自己，丧失自我，那么，一切嗜好欲望就恰似大自然的巧妙安排，世俗人情也同样含有人所追求的美好境界。

一八〇

就一身了一身者①，方能以万物付万物②；还天下于天下者，方能出世间于世间。

注释

①了：明白、觉悟。

②付：赋予、托付。

译文

能从自身出发来了悟人生的人，才可根据万物的本性使它们各尽其用；能把天下还给天下苍生的人，虽然身处尘世，但思想见解却能超拔其间。

处世

在论述处世之道时，《菜根谭》令读者印象深刻，作者试图用佛道理知来节制人性的欲望，体现了其“口耳嗜欲但求真趣”“苦心中，常得悦心之趣”的那份洒脱态度，但由于作者身处乱世，故其明哲保身、圆滑世故的思想亦略有流露，这是读者在阅读时应该留意的。

一八一

栖守道德者[①]，寂寞一时；依阿权势者[②]，凄凉万古。达人观物外之物[③]，思身后之身[④]，宁受一时之寂寞，毋取万古之凄凉。

注释

①栖守：固守。

②依阿：依附，迎合，指缺乏独立人格，凡事都附和他人的意见。

③达人：指智慧超群、胸襟开阔、眼光高远的人。物外之物：泛称世俗以外的东西，也就是现实物质生活以外的精神生活和道德修养。

④身后之身：指死后的名声。

译文

坚守道德节操的人，只不过会承受一时的冷落；而那些依附权势的人，却会遭受永久的凄凉。胸襟开阔的人，重视物质之外的精神层面，顾及死后的名声，他们宁愿承受暂时的寂寞，也不愿遭受永久的凄凉。

一八二

世人为荣利缠缚，动曰[①]：“尘世苦海。”不知云白山青，川行石立，花迎鸟笑，谷答樵讴[②]，世亦不尘，海亦不苦，彼自尘苦其心尔。

注释

①动：动辄。

②谷答樵讴：樵夫一边砍柴一边唱歌。樵，樵夫。讴，歌唱。

译文

由于一般世俗之人都被虚荣心和名利心所束缚，因此动不动就说：“人间是一片苦海。”然而他们却没有领略到世间的种种美好，比如那白云笼罩下的青山翠谷，滚滚河流两岸的奇峰异石，摇曳生姿的美丽花卉和呢喃歌唱的可爱小鸟，以及樵夫一边砍柴一边歌唱的人生乐趣。所以，人间既非尘嚣万丈，世界也非苦海一片，只不过是世人心灵蒙上了尘垢而感到苦恼罢了。

一八三

山肴不受世间灌溉[①]，野禽不受世间豢养[②]，其味皆香而且洌[3]。吾人能不为世法所点染[4]，其臭味不迥然别乎[5]？

注释

①山肴：肴本指荤菜，此处的山肴似指香菇、竹笋等山间野味。

②豢养：饲养。

③洌：味道醇厚。

④世法：世俗的习惯和看法。

⑤臭xiù味：气味。这里引申为道德品行。迥：相异。

译文

生长在山上的种种物产没受到世人的培养灌溉，生长在野外的动物也根本不需要人的饲养照顾，可是这些野味吃起来却格外美味香醇。如果我们能不受功名利禄等世间的俗见影响，那么道德品行不就与那些芸芸众生迥然有别了吗？

一八四

人生减省一分，便超脱一分。如交游减，便免纷扰；言语减，便寡愆尤；思虑减，则精神不耗；聪明减，则混沌可完[1]。彼不求日减而求日增者，真桎梏此生哉！

注释

①混沌可完：能保全自己完整的本心。混沌，本指天地未开辟以前的原始状态，此指人的本性。

译文

人生在世能反省减少一些麻烦，就能多一分超脱世俗的乐趣。例如交际应酬减少，就能避免很多不必要的纠纷烦扰；闲言闲语减少，就能避免很多错误和过失；思考忧虑减少，就能避免精力过度消耗；聪明机心减少，就可保持自己纯真的本性。假如不设法慢慢减少这些不必要的麻烦，反而去增加这方面的心思，那可真是给自己加上了不必要的枷锁啊。

一八五

茶不求精而壶亦不燥[①]，酒不求冽而樽亦不空[②]。素琴无弦而常调，短笛无腔而自适。纵难超越羲皇[③]，亦可匹俦嵇阮[④]。

注释

①燥：干涸。

②樽：古代的盛酒器具。

③羲皇：即伏羲氏，为上古时代的帝王。

④匹俦chóu：相当。此处作媲美解。嵇阮：指魏晋时期的嵇康和阮籍，二人皆博学，又皆因不

满现实而与酒为伴，不问世事。

译文

喝茶不求讲究，只要壶中常有便不会干涸；喝酒不一定要喝清冽的名酒，只要酒杯不空就行；无弦之琴虽然弹不出旋律来，然而足可调剂我的身心；无孔之笛虽然吹不出音调来，却可使人怡然自得。假如能达到这种境界，纵使超越不了伏羲氏，但也可与嵇康、阮籍之辈比肩。

一八六

耳中常闻逆耳之言，心中常有拂心之事①，才是进德修行的砥石②。若言言悦耳，事事快心，便把此生埋在鸩毒中矣③。

注释

①拂心：不顺心。

②砥石：一种磨刀石，此处指磨炼、教训。

③鸩毒：指毒酒。鸩，一种有毒的鸟，用其羽毛泡酒，能毒死人。

译文

耳中经常听些不喜欢听的话，心里经常想些不顺心的事，这些好比是砥砺品行进德修业的磨刀石。反之，假如每句话都很中听，每件事都很如意，那就等于把自己的一生葬送在毒药之中了。

一八七

放得功名富贵之心下，便可脱凡[①]；放得道德仁义之心下，才可入圣[②]。

注释

①脱凡：即超越尘世之外。

②入圣：进入伟大光明的境界。

译文

一个将功名富贵完全不放在心上的人，才有超凡脱俗的可能。一个靠着自己淳朴的本性做人做事，而不是经常将仁义道德挂在嘴边的人，才能真正达到圣人的境界。

一八八

进德修道，要个木石的念头[①]，若一有欣羡，便趋欲境；济世经邦，要段云水的趣味[②]，若一有贪着，便堕危机。

注释

①木石的念头：如木石般质朴的心境，比喻无情欲。

②云水：佛家称行脚僧为云水，他们手持三宝云游天下，行踪不定，有如行云流水，故称。

译文

提高德行，修习身心，必须要有木石般质朴的心境，假如一心羡慕外界的荣华富贵，就会被物欲困惑；要想济世经邦，则须有如行云流水般的淡泊胸怀，假如不能打消贪婪的念头，就会陷入危机四伏的境地。

一八九

吉人无论作用安祥[①]，即梦寐神魂无非和气[②]；凶人无论行事狠戾，即声音笑语浑是杀机[③]。

注释

①无论：且不论、不必说。作用安祥：言行稳重、自然。作用，做事，行动。

②梦寐神魂：指睡梦中的神情。

③浑是杀机：全都露出害人的迹象。

译文

一个性情善良的人，且不论日常举止的稳重安详，即使在睡梦中的表情也是一团祥和之气；一个性情凶狠残暴的人，不论做什么事都手段残忍，甚至在谈笑之间也充满了让人恐惧的杀气。

一九〇

福莫福于少事[①]，祸莫祸于多心。唯苦事者方知少事之为福[②]，唯平心者始知多心之为祸[③]。

注释

①少事：指没有烦心的琐事。

②苦事：为事务所劳累，一本作“更事”。

③平心：指胸怀平静、坦荡。

译文

一个人的幸福莫过于不被那些烦心琐事所缠绕，一个人的灾祸没有比整天满怀心事、思虑万千更可怕的了。只有那些整天奔波劳碌的人，才知道无事一身轻是最大的幸福；只有那些始终心如止水、心平气和的人，才知道多心焦虑是最大的灾祸。

一九一

苦心中，常得悦心之趣；得意时，便生失意之悲。

译文

在困顿的逆境中振作起来，常常可以感受到内心奋斗的喜悦，这种喜悦才是人生的真正乐趣；反之，在得意时骄傲自满，往往会为以后的失败埋下祸根，最后导致失意的悲痛。

一九二

春至时和[1]，花尚铺一段好色[2]，鸟且啭几句好音[3]。士君子幸列头角[4]，复遇温饱，不思立好言，行好事，虽是在世百年，恰似未生一日。

注释

①春至时和：春天到来，时序和畅。

②好色：美景。

③啭zhuàn：鸟的婉转叫声。

④头角：比喻超群的才华。据韩愈《柳子厚墓志铭》说："时虽年少，已自成人，能取进士第，崭然见头角。"一般说成"崭露头角"。

译文

春天到来、气候回暖，花草树木争奇斗艳，为大地铺上一层美景，在这春光明媚的大自然里，飞鸟婉转动听地鸣叫。读书人假如能侥幸出人头地成为精英，又能满足温饱过上好生活，但不思为后世写下几部不朽之作，做一些有益于世人的事，那么他即使活到一百岁，也如同一天都没活过。

一九三

真廉无廉名，立名者正所以为贪；大巧无巧术[1]，用术者乃所以为拙。

注释

①大巧：聪明绝顶。

译文

一个真正廉洁的人并不追求廉洁的名声，那些到处树立名誉的人，其实是贪图虚名；一个真正聪明的人从不炫耀自己的才华，那些卖弄小聪明的人，其实是为了掩饰自己的愚蠢，这才是真正的拙劣。

一九四

躁性者火炽[1]，遇物则焚；寡恩者冰清，逢物必杀；凝滞固执者[2]，如死水腐木，生机已绝，俱难建功业而延福祉。

注释

①躁性者：指性情暴躁的人。

②凝滞固执者：指墨守成规、固执己见的人。凝滞，停留不动的意思，比喻人的性情古板。

译文

一个性情暴躁的人，其言行如烈火般炽热，他接触的物体仿佛都会被焚烧；一个刻薄寡恩的人，他的言行如同冰雪一样冷酷，他接触的物体仿佛都会遭到残害；顽固呆板的人，如同死水朽木，已经完全丧失了生机，这些人都难以建功立业，为人类社会谋求福祉。

一九五

风来疏竹，风过而竹不留声；雁度寒潭[①]，雁去而潭不留影。故君子事来而心始现，事去而心随空。

注释

①寒潭：秋潭。秋天，大雁迁徙飞行，此时的河水显得寒冷清澈，故称寒潭。

译文

风儿吹过稀疏的竹林发出沙沙的声音，可是当风吹过之后，竹林又归于宁静，并未留下声音；大雁飞过寒潭会映出倒影，但是大雁飞过之后，清澈的水面依旧清澈，并未留下雁影。因此君子不为事情所牵绊，事情来了，就会想办法去应对，事情过后，心事也随之消失，内心恢复平静。

一九六

清能有容[①]，仁能善断，明不伤察[②]，直不过矫[③]，是谓蜜饯不甜[④]，海味不咸，才是懿德[⑤]。

注释

①清能有容：清正而又能容人。

②明不伤察：精明而不失于苛察。

③过矫：矫枉过正。

④蜜饯不甜：蜜饯不过分甜。

⑤懿德：美好的品德，语出《诗经·大雅·烝民》："民之秉彝，好是懿德。"

译文

清廉而不清高才能容人，仁厚而不含糊才能善于决断，精明而不失于苛察，刚正而不矫揉造作，道理如同蜜饯虽然浸在糖里却不过分甜，海产的鱼虾虽然腌在缸里却不过分咸，仔细思考这些论述，都是做人处事的美好品德。

一九七

士君子持身不可轻[①]，轻则物能挠我[②]，而无悠闲镇定之趣；用意不可重[③]，重则我为物泥[④]，而无潇洒活泼之机。

注释

①持身：对自身言行的要求。轻：轻浮，急躁。

②挠：困扰。

③用意：着意、用心。

④泥：拘泥。

译文

君子平日为人处世绝不可轻浮急躁，一旦轻浮急躁，就会遇到困扰，如此就会失去悠闲宁静的趣味；处理事情不可顾虑太多，否则就会拘泥于外物的方方面面，丧失潇洒活泼的生机。

一九八

惊奇喜异者[①]，无远大之识；苦节独行者[②]，非恒久之操。

注释

①惊奇喜异：意谓喜欢标新立异。

②苦节独行：过分苛求自己，清苦孤高。

译文

一个喜欢处处标新立异的人，不会有高深的学识和见解；一个只知道苦苦恪守名节而清高独行的人，无法保持长久的操守和信条。

一九九

爵位不宜太盛[①]，太盛则危；能事不宜尽毕，尽毕则衰；行谊不宜过高[②]，过高则谤兴而毁来。

注释

①爵位：指官位。

②行谊：品行道义。

译文

一个人的爵禄官位不能做得太高，如果太高凶险就会增加；一个人的才能不应一下子全部发挥出来，如果都发挥出来不免导致衰竭；一个人的品德行为不可以标榜过高，如果过高中伤和诽谤就会接踵而至。

二〇〇

德者才之主，才者德之奴。有才无德，如家无主而奴用事矣[①]，几何不魍魉而猖狂[②]。

注释

①用事：主事。

②几何：怎能。魍魉wǎng liǎng：传说中的精灵怪

物。猖狂：过分放纵。

译文

一个人的道德品行犹如其才学的主人，而才学就像是道德品行的奴仆。一个人假如只有才能学识却没有品德修养，就等于一个家庭中主人地位丧失而奴仆当家，这怎能不搞得乱七八糟，以致妖魔当道呢？

二〇一

锄奸杜幸①，要放他一条去路。若使之一无所容，譬如塞鼠穴者，一切去路都塞尽，则一切好物俱咬破矣。

注释

①锄奸杜幸：剪除奸邪佞幸之人。杜，杜绝。幸，佞幸小人。

译文

对待那些邪恶奸佞的小人，不能太过分，有时也要考虑给他们留一条悔过自新的生路。如果逼得他们毫无退路，那就好比为了消灭一只老鼠，而把老鼠的洞穴都给堵死了，那么连带其他一切好东西也会被老鼠毁坏。

二〇二

当与人同过，不当与人同功，同功则相忌；可与人共患难，不可与人共安乐，共安乐则相仇。

译文

应当和别人共同承担一些错误和挫折，但在功劳面前，却不要有与他人共享的念头，因为共享功劳彼此难免产生互相猜忌的心理；要有与人共患难的胸怀，不要有跟人共享乐的贪心，因为共享安乐，彼此之间就会产生仇恨之心。

二〇三

鱼网之设，鸿则罹其中[①]；螳螂之贪，雀又乘其后[②]。机里藏机[③]，变外生变，智巧何足恃哉！

注释

①罹lí：遭遇，碰上。

②“螳螂之贪”二句：即成语“螳螂捕蝉，黄雀在后”，比喻人只见到眼前的利益而忽略了背后的祸害。据《说苑·正谏》篇：“园中有树，其上有蝉，蝉高居悲鸣饮露，不知螳螂在其后也。螳螂

委身曲附，欲取蝉而不顾知黄雀在其傍也。”

③机：机关，玄机。

译文

张网是为了捕鱼，没想到鸿雁却陷了进去；贪婪的螳螂一心想吃掉眼前的蝉，不料后面却有一只黄雀想要吃它。天地间事，玄机中还藏有玄机，变幻中又酝酿着新的变幻，人的那一点小小的伎俩在大自然面前又有什么可倚仗的呢？

二〇四

作人无点真恳念头，便成个花子，事事皆虚；涉世无段圆活机趣①，便是个木人，处处有碍。

注释

①圆活：圆润，活泼。

译文

做人没有一点真情实意，就会变成一个绣花枕头，不论做任何事情都显得不踏实；一个人为人处世如果没有一点灵活应变的情趣，就像是一个没有生命的木头人，做任何事情都不会顺利。

二〇五

事有急之不白者[①]，宽之或自明[②]，毋躁急以速其忿；人有切之不从者，纵之或自明[③]，毋躁切以益其顽。

注释

①白：清楚，明白。

②宽：舒缓。

③自明：自我觉悟。

译文

做事操之过急，有时会影响思维而变糊涂，倒不如暂时放松一下，也许头脑冷静之后事情自然就弄明白了，千万不可太急躁，以免增加情绪上的紧张气氛；有的人或许不服从管教，这时不妨给他一点空间，让他自由发展，他也许会慢慢觉悟，千万不能逼迫他，这样反而会增加他的专横和固执。

二〇六

交市人不如友山翁[①]，谒朱门不如亲白屋[②]；听街谈巷语，不如闻樵歌牧咏；谈今人失德过举[③]，不如述古人嘉言懿行。

注释

①市人：市井中人，指贪图名利之人。山翁：与“市人”相对，此指隐居山林的老人。

②朱门：比喻富贵之家。杜甫有“朱门酒肉臭，路有冻死骨”的名句。白屋：穷苦人家的住所，用简陋的材料搭建，因此用“白屋”来指代。

③失德过举：不良的品德，失当的举动。

译文

与其和一个热衷于名利的人做朋友，不如结交一个隐居山野的老人；与其攀附富贵豪门，不如亲近平民人家；与其谈论街头巷尾的是是非非，不如多听一听樵夫的民谣和牧童的山歌；与其议论今人的过失，不如多体会一下古圣先贤高尚美好的言行。

二〇七

前人云：“抛却自家无尽藏[①]，沿门持钵效贫儿。”又云：“暴富贫儿休说梦，谁家灶里火无烟[②]？”一箴自昧所有[③]，一箴自夸所有，可为学问切戒。

注释

①无尽藏：无尽的宝藏，指财富很多，是佛家语“无尽藏海”的简称。《大乘义章》说：“德广难穷，名为无尽，无尽之德，包含曰藏。”

②谁家灶里火无烟：是说任何人家多少都会有一些

财产。

③箴：劝告的言语。自昧：自我蒙昧。

译文

前人说："放弃自己的万贯家财，去效仿乞丐持钵沿街乞讨。"又说："一夜暴富的人不要过分炫耀自己，其实谁家的炉灶不冒烟呢？"上面这两句谚语，一句是劝诫不知道自己拥有什么的人，一句是劝诫夸耀自己无所不有的人，这些都是做学问的人必须引以为戒的事。

二〇八

信人者，人未必尽诚，己则独诚矣；疑人者，人未必皆诈，己则先诈矣。

译文

一个愿意相信别人的人，虽然别人未必都是诚实的，但是自己先做到了诚实；一个经常怀疑别人的人，虽然别人未必都是狡诈的，但是自己先成了虚伪狡诈的人。

二〇九

恩宜自淡而浓，先浓后淡者，人忘其惠；威宜自严而宽，先宽后严者，人怨其酷。

译文

施人恩惠应该由少而后增多，如果是由多而慢慢减少，那么到后来人们就容易忘掉那些恩惠；树立威信要先从严厉而逐渐变宽松，假如先宽松后严厉，那么别人就会抱怨你冷酷无情。

二一〇

我贵而人奉之[①]，奉此峨冠大带也[②]；我贱而人侮之，侮此布衣草履也[③]。然则原非奉我，我胡为喜[④]？原非侮我，我胡为怒？

注释

①奉：奉承。

②峨冠大带：高耸的帽子和宽大的衣带，皆为达官显贵的衣着。

③布衣草履：粗布衣衫和草编的鞋子。这里比喻出身贫贱穷苦。

④胡：疑问副词，为什么。

译文

我成为达官显贵就有人奉承我，实际上是在奉承我的权位；我穷困低贱人们就轻视我，是轻视我的无权无势。所以，这些人原本就不是奉承我，我为什么高兴呢？原本也不是轻视我，我为什么要生气呢？

二一一

无事时，心易昏冥[①]，宜寂寂而照以惺惺[②]；有事时，心易奔逸[③]，宜惺惺而主以寂寂。

注释

①昏冥：昏昧不明事理。

②寂寂：沉静，寂定。惺惺：清醒，机警。

③奔逸：奔驰放逸，无拘无束。

译文

一个人无所事事的时候，心情容易陷入迷茫中，这时应该适当调整身心来清醒地处理问题；有事忙碌时，常常容易急躁不安，这时应用理智、冷静的头脑加以控制。

二一二

议事者[①]，身在事外，宜悉利害之情；任事者[②]，身居事中，当忘利害之虑。

注释

①议事：评论事情。

②任事：负责某事。

译文

评论事情的人，身处事外，发表议论时，应考虑到事情的利害关系；主持事情的人，身处事中，考虑处理问题的方案时，应忘记个人的利害得失。

二一三

忙里要偷闲，须先向闲时讨个把柄[①]；闹中要取静，须先从静处立个主宰[②]。不然，未有不因境而迁，随事而靡者[③]。

注释

①把柄：比喻做事掌握要点。

②主宰：主见。

③随事而靡：随着事物的发展而消亡。靡，无。

译文

忙碌时要设法从中挤出一点闲暇时间，让身心获得放松，归纳出事情的要点；喧嚣中要保持冷静的头脑，在心情平静后提出解决问题的主张。不然的话，所做的事情没有不随着境况的改变而变化的，随着事态的发展而失败的。

二一四

不昧己心[1]，不尽人情[2]，不竭物力[3]，三者可以为天地立心，为生民立命[4]，为子孙造福。

注释

①昧：本意指昏暗，此处为蒙蔽之义。

②尽：弃绝。

③竭：穷尽。

④为天地立心，为生民立命：语出宋代理学家张载："为天地立心，为生民立命，为往圣继绝学，为万世开太平。"立，建立。心，自然本性。

译文

不蒙蔽自己的良心，不绝情绝义，不过度使用物质资源，假如能做到这三件事，就可以为天地树立善良的本性，为黎民百姓做出表率，为子孙后代谋求福祉。

二一五

处富贵之地，要知贫贱的痛痒[1]；当少壮之时，须念衰老的辛酸。

注释

①痛痒：痛和痒都是一种病，此处比喻痛苦。

译文

当你飞黄腾达时，要想一想贫贱人家的痛苦；当你年轻力壮时，要想到那些衰老之人的辛酸。

二一六

日既暮而犹烟霞绚烂，岁将晚而更橙橘芳馨。故末路晚年，君子更宜精神百倍。

译文

夕阳西下时，还能看到西边天空中的晚霞是那么绚丽多姿；深秋季节时，金黄色的柑橘正散发出扑鼻的芳香。所以到了晚年，有德的君子更应振奋精神，有所作为。

二一七

鹰立如睡，虎行似病，正是它攫人噬人手段处①。故君子要聪明不露，才华不逞，才有肩鸿任巨的力量②。

注释

①攖：伤害，侵扰。噬：啃咬，吞食。

②肩鸿任巨：肩负大业，担任大事。鸿，通“洪”，大的意思。

译文

老鹰站立时好像睡着了，老虎走路时像有病的样子，这些都是它们准备捉人吃人的手段。所以，君子要做到不炫耀聪明，不显露才华，这样才能培养出担当大任的力量。

二一八

饮宴之乐多，不是个好人家；声华之习胜[①]，不是个好士子[②]；名位之念重，不是个好臣工。

注释

①声华之习：喜欢音乐歌舞、华丽衣着的习性。

②士子：指读书人或学生。

译文

整天高朋满座、饮酒作乐的人家，不是正经过日子的好人家；天天沉湎于靡靡之音和华丽艳服的读书人，不是好读书人；一心挂念自己名声和地位的官员，也不是个好官员。

二一九

世人以心肯处为乐[①]，却被乐心引在苦处；达士以心拂处为乐[②]，终为苦心换得乐来。

注释

①心肯：称心如意。

②达士：明理通达之士。心拂：这里指不顺心的事情。

译文

世人都认为称心如意就是快乐，可往往乐极生悲，带来了痛苦；明理通达的君子以遭遇各种不如意的事情为乐，并且能战胜这些磨难收获到最终的快乐。

二二〇

冷眼观人，冷耳听语，冷情当感[①]，冷心思理。

注释

①当：处理。

译文

用冷静的眼光观察他人的行为，用冷静的耳朵听取各种言论，用冷静的心情处理外界给予自己的各种感受，用冷静的头脑去思考其中的道理。

二二一

性躁心粗者，一事无成；心和气平者，百福自集。

译文

性情急躁、粗心大意的人，做什么事都不容易成功；性情温和、遇事从容的人，往往会事事顺遂、百福集身。

二二二

用人不宜刻[①]，刻则思效者去[②]；交友不宜滥[③]，滥则贡谀者来[④]。

注释

①刻：苛刻，刻薄。

②思效：想要效力。

③滥：轻率，随便。

④贡谀：阿谀奉承。

译文

用人不可太刻薄，太刻薄就会使想为你效力的人离去；交友不可太多太随便，如果这样，那些善于阿谀奉承的人就会设法接近你。

二二三

士大夫居官，不可竿牍无节[①]，要使人难见，以杜倖端[②]；居乡，不可崖岸太高[③]，要使人易见，以敦旧好。

注释

①竿牍无节：指与人交往没有节制。竿牍，即简牍，指书信。

②杜倖端：杜绝小人生出事端。

③崖岸太高：高峻的山崖堤岸，比喻与人交往时设置的门槛过高，使人难以接近。

译文

士大夫在做官的时候，与人交往不可没有节制，要使得那些想接近你的人难以见到你，以杜绝小人生出种种事端；而一旦去职离官、返居田园，就不能再摆出那种高不可攀的官架子，要平易近人，这样才能敦睦近邻，亲戚故交才能往来自如。

二二四

不可乘喜而轻诺[①]，不可因醉而生嗔[②]，不可乘快而多事[③]，不可因倦而鲜终[④]。

注释

①轻诺：轻易许下诺言。

②生嗔chēn：生气。嗔，发怒。

③快：称心如意。

④鲜终：有头无尾，有始无终。

译文

不要乘着一时高兴对人轻易许下诺言，不要在醉酒时乱发脾气，不要乘着一时称心如意多管闲事，不要因为疲倦而让事情半途而废。

二二五

至人何思何虑[①]，愚人不识不知[②]，可与论学，亦可与建功[③]。唯中才的人，多一番思虑知识，便多一番亿度猜疑[④]，事事难与下手。

注释

①至人：指智慧和道德都达到极高境界的人，

《庄子·天下》篇有“不离于真，谓之至人”。何思何虑：意谓不需思虑，便能洞晓一切。

②不识不知：无知无识。

③“可与”句：意谓至人能洞晓一切，愚人无知无识，与人论学，前者了解，后者只会全盘接受，因此皆无不可。

④亿度：推测，揣摩。

译文

智慧超凡的人，他们根本不用过多思虑就能洞悉世间的一切；天赋愚鲁的人，心智单一，无知无识，能很好地接受高人的教诲。这两种人既可以和他们讨论学问，也可以和他们共建功业。唯独那些天赋一般的人，智慧虽然不高却什么都懂一些，这种人多学到一些知识，猜疑心往往也加重一番，所以什么事都难以和他们合作完成。

二二六

口乃心之门，守口不密，泄尽真机；意乃心之足，防意不严，走尽邪蹊[1]。

注释

①邪蹊：指不正当的小路。

译文

嘴巴是心灵的大门，假如大门防守不严，机密就会全部泄露；意识是心的双脚，假如意志不坚定，就很可能走到邪路上去。

二二七

人肯当下休，便当下了。若要寻个歇处，则婚嫁虽完，事亦不少，僧道虽好[①]，心亦不了。前人云："如今休去便休去，若觅了时无了时。"见之卓矣。

注释

①僧道虽好：此处指清静无外人干扰。

译文

人不论做什么事，如果愿意就此罢休，就要下定决心了断一切。假如犹疑不决想找个好时机，那就像男女结婚虽然完成了终身大事，但以后家务和夫妻儿女之间的问题还很多，别以为和尚道士出家清静，其实他们的七情六欲也未必尽除。古人说得好："若想就此罢休就赶紧罢休，若要等到事情做完时再罢休，恐怕就永无罢休之时。"这可真是高见啊。

二二八

都来眼前事，知足者仙境，不知足者凡境；总出世上因，善用者生机，不善用者杀机。

译文

都是一样的生活，感到满足的人，就会享受到神仙般的快乐，不感到满足的人，就摆脱不了的困境；都是一样的机缘，假如能善加运用，就处处充满生机，不善加运用就处处充满危机。

二二九

争先的径路窄[①]，退后一步，自宽平一步；浓艳的滋味短，清淡一分，自悠长一分。

注释

①争先：此处为好胜逞强之义。

译文

人人争先恐后，前面的道路就会显得狭窄，假如能退后一步，自然觉得路面宽阔平坦很多；浓艳的东西滋味大都难以长久，假如能清淡一分，其滋味自然悠长一分。

二三〇

进步处便思退步，庶免触藩之祸[1]；着手时先图放手，才脱骑虎之危[2]。

注释

①触藩：公羊的头角陷入篱笆之中，难以自拔，这里喻指进退两难。

②骑虎之危：比喻迫于形势，骑虎难下，欲罢不能。据《隋书·独孤皇后传》："及周宣帝崩，高祖居禁中，总百揆，后使人谓高祖曰：'大事已然，骑兽之势，必不得下，勉之。'"

译文

当事业进展顺利时，应该做好及时抽身的准备，以免将来像山羊角夹在篱笆里一般，处于进退两难的境地；刚开始做一件事时，就要预先计划好在什么情况下放手，才不至于以后像骑在老虎身上一样，造成无法控制的局面。

二三一

有一乐境界，就有一不乐的相对待；有一好光景，就有一不好的相乘除[1]。只是寻常家饭，素位风光[2]，才是个安乐的窝巢。

注释

①乘除：抵消。

②素位：安于本分，不作分外妄想。

译文

只要有一个快乐的境界，就会有一个不快乐的境界相对应；只要有一个美好的光景，就会有一个不好的风光来与之相抵消。只有那寻常人家过的粗茶淡饭、安分守己的生活，才是令人神往的安乐窝。

二三二

伏久者飞必高，开先者谢独早。知此，可以免蹭蹬之忧[1]，可以消躁急之念。

注释

①蹭蹬cèng dèng：失意潦倒，困迫不得志。

译文

隐伏很久、蓄势待发的鸟，飞起来才会更高；早开的花，往往败谢得更快。人只要能明白这个道理，就可以免除失意潦倒的忧虑，也可以消除急于求取功名利禄的念头。

二三三

天地中万物，人伦中万情，世界中万事，以俗眼观，纷纷各异；以道眼观[①]，种种是常。何烦分别，何用取舍？

注释

①道眼：与上文“俗眼”相对。佛教术语，指洞悉一切、辨别真伪的眼力。

译文

天地之间的万物，人与人之间错综复杂的感情，以及世上不断发生的事情，如果用世俗的眼光去观察，就会感到变幻莫测；如果用道眼去观察，就会发现其永恒不变的本质。因此何须对它们加以分别和取舍呢？

二三四

缠脱只在自心[①]，心了，则屠肆、糟廛居然净土[②]。不然，纵一琴一鹤，一花一卉，嗜好虽清，魔障终在[③]。语云：“能休尘境为真境，未了僧家是俗家。”信夫！

注释

①缠脱：摆脱世俗名利与欲望的纠缠。

②糟廛chán：酿酒的地方。净土：佛家语，指无世俗欲望的佛国。

③魔障：指妨碍佛家修行的障碍。后泛指人生所遇到的波折或磨难。

译文

一个人能否摆脱烦恼的困扰，关键在于自己的心性修养，只要内心清净、了无杂念介入，即使生活在屠宰场、酒坊之中，也会觉得是一片净土。反之，即使终日与琴鹤相伴，身处鲜花香草间，嗜好虽高雅，但如果内心不平静，苦恼也仍然会困扰你。所以佛家说："能摆脱一切杂念困扰，尘世就是真实之境，否则即使住在僧院里，也和俗人没什么区别。"这的确是一句至理名言。

二三五

以我转物者①，得固不喜，失亦不忧，大地尽属逍遥；以物役我者②，逆固生憎，顺亦生爱，一毛便生缠缚。

注释

①以我转物：以我为中心去支配和运用一切事物，即我为万物的主宰。转，运转，支配。

②以物役我：人异化为物质的奴隶，受其驱遣。

译文

能以我为中心来支配一切事物的人，得到了也不觉得高兴，失去了也不至于忧愁，尽可在广阔无边的天地间自在悠游；以物为中心而受物欲奴役的人，事不顺遂便会心生怨恨，事情如意又爱不释手，因此哪怕细如毫毛的小事都会缠绕住他，使其难以脱身。

二三六

遇病而后思强之为宝，处乱而后思平之为福，非蚤智也[①]；倖福而先知其为祸之本[②]，贪生而先知其为死之因，其卓见乎！

注释

①蚤智：先见之明。蚤，同“早”。

②倖福：指侥幸得到的幸福。倖，侥幸。

译文

一个人只有在生过病之后，才能明白健康的可贵，只有身处乱世之后，才会思念和平的幸福，其实这都不是什么先见之明；能预先明白侥幸获得的幸福是灾祸的根源，既爱惜生命，而又能明白有生必有死的道理，这是超越凡人的真知灼见。

二三七

草木才零落，便露萌颖于根底[①]；时序虽凝寒[②]，终回阳气于飞灰[③]。肃杀之中，生生之意常为之生，即此可以见天地之心。

注释

①萌颖：幼芽所萌发的小尖。

②凝寒：极度寒冷。

③阳气：指春天和暖的气候。飞灰：古代以律管中葭木灰飞动的情况来探测节气，如冬至时一阳来复，其灰自然飞去。

译文

花草树木刚刚凋谢，其根端下的新芽已经略微露出；节气刚演变成寒冬季节，但律管中的葭木灰已预示阳春就要来到。当万物到了飘零枯萎的季节，大自然仍然蕴藏着无限生机，在这生生不息之中，可以看出上天化育万物的本心。

二三八

花看半开，酒饮微醉，此中大有佳趣。若至烂熳酕醄[①]，便成恶境矣。履盈满者宜思之。

注释

①烂熳：同“烂漫”，花朵绽放。酕醄máotáo：形容大醉的样子。

译文

欣赏花卉要在它们半开之时方以为妙，喝酒以喝到略带醉意为适宜，这时可感觉到其中大有乐趣。反之，若到花开烂漫，酒已烂醉，这一切就都会变得很糟糕。所以事业已达巅峰、志得意满的人，最好能深思一下这两句话的真意。

二三九

人生原是一傀儡①，只要根蒂在手②，一线不乱，卷舒自由③，行止在我，一毫不受他人提掇④，便超出此场中矣。

注释

①傀儡：用木头做的假人，由真人躲在幕后用线来操控其动作。

②根蒂：指牵制木偶的线索。

③卷舒：伸缩。

④提掇：牵引以至上下活动。

译文

人生原本就像一场木偶戏，只要你能把控制木偶活动的线掌握好，那你的一生就会进退自如、动静有节，丝毫不受他人或外物的操控，能做到这些你就可以超然置身于尘世之外。

二四〇

波浪兼天[①]，舟中不知惧，而舟外者寒心；猖狂骂座[②]，席上不知警，而席外者咋舌[③]。故君子身虽在事中，心要超事外也。

注释

①兼天：连天，形容波浪极大。

②骂座：辱骂同座之人，此谓已醉酒失控。

③咋舌：咬舌，形容吃惊害怕，连话也说不出。

译文

当波浪滔天时，坐在船中的人并不知道惧怕，而站在船外的人却吓得胆战心惊；酒醉后，在酒席上肆意叫骂，酒席上的人不知警觉，而席外之人则感到惊惧。所以君子即使被卷入某件事之中，心智也要抱着超然物外的态度。

二四一

释氏随缘，吾儒素位，四字是渡海的浮囊[①]。

盖世路茫茫，一念求全，则万绪纷起；随寓而安[2]，则无入不得矣。

注释

①浮囊：用于辅助泅渡的羊皮囊。

②寓：寄居、住所。

译文

佛家主张凡事都要顺其自然，不可勉强；儒家主张凡事都要按照本分去做，不可操心不属于自己的事情，这“随缘素位”四个字，犹如渡过大海的浮囊，是为人处世的秘诀。人生的路途如此遥远渺茫，假如任何事情都要求尽善尽美，就必然会引起很多忧愁、烦恼；因此，只有随遇而安，才能无往而不利。

二四二

作人无甚高远事业，摆脱得俗情便入名流[1]；为学无甚增益功夫，减除得物累便超圣境[2]。

注释

①俗情：世俗之人追逐利欲的意念。

②物累：指世俗的欲念，如金钱名利等。这里指心为外物所牵累，也就是终日被物欲缠绕。圣境：至高境界。

译文

做人首要的并不是追求什么高远的事业，而是以身心宁静、摆脱世俗名利的缠绕为要务；要想求得高深的学问，没什么特别的秘诀，只要能排除外界干扰，保持心情宁静，就可以超凡入圣。

二四三

学者要收拾精神[①]，并归一路[②]。如修德而留意于事功名誉[③]，必无实诣[④]；读书而寄兴于吟咏风雅[⑤]，定不深心[⑥]。

注释

①收拾精神：指集中散漫的心志。

②并归一路：意思是一心一意，专心致志。

③事功：建功扬名。

④实诣：实在、真正的造诣。

⑤兴：兴致。吟咏风雅：与“附庸风雅”意近。风雅，风流儒雅。后世也比喻诗文。

⑥深心：深刻的心得体会。

译文

做学问的人一定要集中精神，专心致志从事研究，如果立志修身养德而又追逐功名利禄，必然不会取得真正的造诣；如果读书只把兴致寄托在吟咏辞章等所谓风雅之事上，那也一定不会有什么深刻的体会。

二四四

家庭有个真佛[①]，日用有种真道[②]，人能诚心和气，愉色婉言，使父母兄弟间形骸两释[③]，意气交流[④]，胜于调息观心万倍矣[⑤]！

注释

①真佛：此处比喻受佛法熏染的平和心态。

②日用：日常生活。真道：真理。

③形骸两释：比喻心灵交融，没有隔膜。形骸，泛指人的肉体，在儒释道学说中，常被视为羁绊心智的一种障碍。形，人的外在相貌；骸，人的内在骨骼。释，消释、消融。

④意气：志趣、情感。

⑤调息：调理气息，原为佛教禅修中的一种方法，主要起静心定虑的作用。观心：省察内心，去妄归真。原为佛教禅宗的一种修持方法，后为陆王心学所吸收改造，成为明清时期盛行于士大夫之间的一种修身养性之法。

译文

如果一个家庭像受了佛法的熏陶，氛围平和温馨，家人在日常生活中遵循着传统道德，则家中每个人就能保持纯正的品格，言谈举止自然温和愉快，这样父母兄弟间才能相处融洽，比静坐省察等修行方法好上千万倍。

二四五

养弟子如养闺女[①]，最要严出入，谨交游。若一接近匪人[②]，是清净田中下一不净的种子，便终身难植嘉苗矣。

注释

①闺女：还未出嫁的女子。

②匪人：行为不端的人。

译文

师长教育弟子如同养育自己的闺女一样，必须严格管束他们的出入及往来所接触到的人。如果一不小心交往上了行为不端的人，就好比在良田中播下了一颗坏种子，这个孩子就很难成为有用之才了。

二四六

人心有部真文章[①]，都被残编断简封固了[②]；有部真鼓吹[③]，都被妖歌艳舞湮没了。学者须扫除外物[④]，直觅本来，才有个真受用[⑤]。

注释

①真文章：指天然而完美的文章。

②残编断简：指世间庸俗的书籍、文章。

③鼓吹：泛指音乐。

④外物：指俗世之物。

⑤真受用：真正感受到好处。

译文

人心本是一片纯真，它拥有一篇如同天地般浑融完美的文章，可惜都被世间那些庸俗的陈词滥调污染了；它还有一曲如天籁般美妙的音乐，可惜都被世俗生活中的妖歌艳舞吞没了。所以，学者修身治学要注意抵制俗世之物的侵蚀，直抵本心，才能真正感受到它的好处。

二四七

一苦一乐相磨练，练极而成福者[1]，其福始久；一疑一信相参勘[2]，勘极而成知者，其知始真。

注释

①练极：磨炼而达到极致的地步。

②参勘：参照，对比。

译文

在长期苦乐相伴的磨炼中，自己的修行达到极致，这样的人收获的幸福才可能长久；一信一疑相参照，经过长期的研究而获得的知识，才是真正的知识。

二四八

心不可不虚，虚则义理来居[1]；心不可不实，实则物欲不入。

注释

①义理：合乎一定伦理道德的行事准则，亦指讲求儒家经义的学问。

译文

虚心学习，才能领会到经义伦理的妙处；内心充实，才不会被物欲横流的世界所侵扰。

二四九

天薄我以福，吾厚吾德以迓之[1]；天劳我以形，吾逸吾心以补之；天厄我以遇[2]，吾亨吾道以通之[3]。天且奈我何哉！

注释

①迓yà：迎接。

②厄：困厄。

③吾亨吾道：我使我心中的道运行更加通畅。亨，通达，顺畅。

译文

上天如果让我的福分变薄，那我就提高自己的道德修养来应对；上天如果让我成天忙忙碌碌，那我就以内心的宁静来弥补；上天如果让我的境遇坎坷，我就让我心中的道更加通达，从而达到生命的彼岸。做到了这些，上天还能对我怎样呢？

二五〇

问祖宗之德泽，吾身所享者是，当念其积累之难；问子孙之福祉，吾身所贻者是[1]，要思其倾覆之易[2]。

注释

①贻：遗留。

②倾覆：丧失。

译文

想要问祖先给我们留下了多少恩德，那么我们现在所享用的就是，想到其积累不容易，因此要格外珍惜；想要问我们后代子孙的福祉，当从我们现在所做的事情中找答案，想到其丧失之易，因此要多多努力，尽量积累。

二五一

家人有过，不宜暴扬，不宜轻弃。此事难言，借他事隐讽之[①]；今日不悟，俟来日再警之[②]。如春风解冻，如和气消冰，才是家庭的型范。

注释

①隐讽：委婉地讽喻。

②俟sì：等待。

译文

家里的人有了过失，不要轻易发怒，也不要轻易放过，视若无睹。有些话不好当面明说，也可以借其他事来委婉地启示他；当天不能醒悟，等待来日再给予警醒。就像春风能消除冰天雪地的寒冷，就像暖流能融化冻如石块的寒冰，充满和气的家庭才是家庭的典范。

二五二

处父兄骨肉之变[①]，宜从容不宜激烈；遇朋友交游之失，宜剀切不宜优游[②]。

注释

①处父兄骨肉之变：指亲人之间发生矛盾或变故。

②剀kǎi切：切和事理，切实。

译文

当你和亲人发生矛盾时，应该从容面对，冷静处理，切不可意气用事，反应激烈；当你和朋友交往时，发现他有什么过失，你应该向他诚恳地指出，绝对不可以因害怕得罪他而任由其发展下去。

二五三

父慈子孝，兄友弟恭，纵做到极处，俱是合当如此，着不得一毫感激的念头。如施者任德[①]，受者怀恩[②]，便是路人，便成市道矣[③]。

注释

①任德：以对别人有德自居。

②怀恩：记住所受的恩德，想方设法回报。

③市道：买卖交易之道。

译文

父母对子女慈爱，子女对父母孝顺，兄长对弟弟友爱，弟弟对兄长恭敬，这样的伦理规范，即使做到完美无缺的境地，也是应当如此，而不应心存一丝感恩的念头。如果施恩者总是以有恩德者自居，受恩惠的人，总是怀着知恩图报的念头，那就等于把骨肉至亲变成了陌生人，而且把出于真诚的骨肉亲情变成一种市井交易。

二五四

节义傲青云①，文章高白雪②，若不以德性陶镕之，终为血气之私③，技能之末④。

注释

①青云：俗称升官为平步青云，这里喻指高官显贵。

②白雪："阳春白雪"的简称，指格调高雅，与通俗相对。

③血气之私：指一时的冲动行为。

④技能之末：形容水平停留在形而下的技术层面上。

译文

气节和正义足可傲视任何达官显贵，好文章可以胜过"白雪"等名曲。然而如果不用高尚的道德来涵养陶冶它们，所谓的气节与正义不过是出于一时的意气用事，而所谓"白雪"文章也就成了微不足道的雕虫小技。

二五五

善读书者，要读到手舞足蹈处，方不落筌蹄[1]；善观物者，要观到心融神洽时[2]，方不泥迹象[3]。

注释

①筌quán蹄：比喻达到某种目的的手段。筌，捕鱼的竹器。蹄，捕捉兔子的器具。

②心融神洽：指人的精神与所观察的事物融为一体。

③不泥迹象：不拘泥于事物的表面现象。

译文

一个会读书的人，只有读到手舞足蹈、心领神会时，才不会被文章的字面意思所束缚；一个善于观察事物的人，须全神贯注，与事物融为一体，才不至于只看到事物的表面现象而被迷惑。

二五六

桃李虽艳，何如松苍柏翠之坚贞？梨杏虽甘，何如橙黄橘绿之馨冽[1]？信乎，浓夭不及淡久[2]，早秀不如晚成也。

注释

①馨冽：此指清香。

②夭：夭折，早逝。

译文

桃树和李树的花朵虽然艳丽夺目，但怎么能比得上四季苍翠的松柏那样坚贞呢？梨和杏的滋味虽然甘甜可口，但怎么能比得上橙子和橘子所散发出来的清香呢？所以，浓烈之物还是不如清淡之物来得长久，少年得志不如大器晚成，确实如此啊。

二五七

谭山林之乐者[①]，未必真得山林之趣；厌名利之谭者，未必尽忘名利之情。

注释

①谭：通“谈”。

译文

喜欢谈山林隐居之乐的人，未必真得山林隐居之真趣；讨厌谈论功名利禄的人，未必就完全忘记了对功名利禄的向往。

二五八

有浮云富贵之风[1]，而不必岩栖穴处；无膏肓泉石之癖[2]，而常自醉酒耽诗[3]。竞逐听人而不嫌尽醉，恬淡适己而不夸独醒，此释氏所谓不为法缠，不为空缠，身心两自在者。

注释

①浮云富贵：即视富贵如浮云。孔子云："不义而富且贵，于我如浮云。"

②膏肓huāng泉石：指对山水的喜好已近似变态，如病入膏肓。膏肓，古时认为是药力达不到的地方，所以病入膏肓就意味着无可救药。

③耽：爱，喜欢。

译文

视富贵如浮云的人，就不必到深山幽谷中去修身养性；对山水美景没多大兴趣的人，如果能经常喝酒吟诗也会自有一番乐趣。听由他人竞名逐利，而不嫌恶其昏醉般的作为，愉悦自己恬静淡泊的天性，而不夸耀这种清醒冷静，这就是佛家所说的不执法相、不执空幻，身心两面都得大自在的人。

二五九

延促由于一念[1]，宽窄系之寸心。故机闲者一日遥于千古[2]，意广者斗室宽若两间[3]。

注释

①延促：这里指时间的长短。

②机：心意。

③两间：即天地之间。

译文

时间的长短全凭个人的内心感受，空间的大小全凭个人的心境。因此对于内心恬静淡然的人来说，一天犹如千年，对于心胸开阔的人来说，斗室之居有如天地之宽。

二六〇

矜名不若逃名趣[1]，练事何如省事闲[2]。

注释

①矜名：夸耀自己的名声。

②练事：处事干练。

译文

喜欢夸耀自己名声的人，不如那些抛弃自己名声的人更具有生活情趣；处事干练的人，不如什么都不做来得悠闲。

二六一

优人傅粉调硃[①]，效妍丑于毫端[②]；俄而歌残场罢，妍丑何存？弈者争先竞后，较雌雄于着子[③]；俄而局尽子收，雌雄安在？

注释

①优人：伶人，旧时对舞台艺人的称呼，俗称戏子。傅粉调硃：指化妆打扮。

②妍：美好，美丽。

③雌雄：在此当胜败解。《史记·项羽本纪》："愿与汉王挑战，决雌雄。"

译文

演员们涂脂抹粉，乔装打扮，处处在细节上演出人间的美丑；不一会儿曲终人散，方才的美丑到哪里去了？下棋的人在棋盘上激烈竞争，斤斤计较于一子，排兵布阵，以求胜利，转眼之间棋局下完，方才的输赢又到哪里去了呢？

二六二

试思未生之前有何象貌，又思既死之后作何景色，则万念灰冷，一性寂然[1]，自可超物外而游像先[2]。

注释

①一性：指人本真的心。

②游像先：优游于天地万物未出现之前。

译文

试着想一想，人在出生之前是什么样子？再想一想，人死之后又是一番什么景象呢？一想到这些不免让人万念俱灰，回归到沉寂的本真之心，自然就能超脱物外，遨游于天地之间。

二六三

岁月本长，而忙者自促[1]；天地本宽，而鄙者自隘[2]；风花雪月本闲，而劳攘者自冗[3]。

注释

①自促：把自己弄得很紧迫。

②自隘：把自己弄得很狭隘。

③劳攘：纷扰忙碌，心情不安。

译文

岁月本来很漫长，忙碌的人偏要把自己搞得很紧迫；天地间宽阔广大，浅薄卑微的人偏要把自己弄得很狭隘；风花雪月般的景色欣赏起来是那么闲适，忙忙碌碌的人偏要把自己弄得很疲惫，无心闲下来。

二六四

宾朋云集，剧饮淋漓[①]，乐矣。俄而，漏尽烛残[②]，香销茗冷[③]，不觉反成呕咽[④]，令人索然无味。天下事率类此，人奈何不早回头也？

注释

①剧饮：豪饮、痛饮。

②漏尽：刻漏已尽，指夜深或黎明。漏，古代以滴水多寡来计量时间的仪器。

③香销：古代宴会时常用鼎置檀木燃烧，满室生香。这里指檀香已被燃尽。

④呕咽：哭泣。言醉酒伤神，悲从中来。

译文

高朋满座，开怀畅饮，这是一件乐事。但转眼天就要亮了，炉中的香已燃尽，茶也凉了，不觉黯然神伤，连之前的美酒佳肴也令人觉得索然无味。

天下的事情大抵如此，无奈的是人们为什么总不能早日回头呢？

二六五

山河大地已属微尘[①]，而况尘中之尘[②]；血肉身躯且归泡影[③]，而况影外之影。非上上智[④]，无了了心[⑤]。

注释

①微尘：佛家语，指极小之物。

②尘中之尘：小而又小的物质，此指尘世中的人。

③泡影：此指肉体终归要消失。

④上上：最高等。

⑤了了：犹言大彻大悟。

译文

就无限的宇宙来说，山河大地就像微尘那般渺小，何况尘世中的人；人的血肉之躯终归要消失，何况人间的功名利禄。没有最高智慧的人，对这些是不会大彻大悟的。

二六六

狐眠败砌[①]，兔走荒台，尽是当年歌舞之地；

露冷黄花[2]，烟迷衰草，悉属旧时争战之场。盛衰何常？强弱安在？念此令人心灰。

注释

①砌：台阶。

②黄花：菊花的别名。

译文

如今野狐经常出没的残垣断壁，野兔经常奔跑的荒弃亭台，都曾是当年美人上演歌舞的胜地；菊花在寒风冷露中颤抖，薄雾中衰草连天，如今这凄清之地，皆是以前各路英雄争霸的战场。兴衰成败为何如此无常？而富贵强弱又在何方呢？想到这些，不禁使人万念俱灰。

二六七

淫奔之妇矫而为尼[1]，热中之人激而入道[2]，清净之门，常为淫邪之渊薮也如此[3]。

注释

①矫：伪装，做作。

②热中之人：指汲汲于功名利禄之人。《孟子》："仕则慕君，不得于君则热中。"

③渊薮sǒu：集聚之地。渊，深水，鱼之集所。薮，水边草地，兽所聚处。

译文

一个生性淫荡而与人私奔的妇女，或许会矫揉造作地到庙里去当尼姑，一个热衷于功名利禄的人，或许会由于一时激进而遁入空门去做和尚。所以那些远离尘世的清净之地，常常会成为各种奸邪罪恶之徒的聚集之地。

二六八

持身不可太皎洁，一切污辱垢秽要茹纳得[①]；与人不可太分明，一切善恶贤愚要包容得。

注释

①茹纳得：容忍得下。茹，含。

译文

做人不可自命清高，对于各种侮辱、污秽都要有宽广的胸怀来容纳；与人相处不可好恶太过分明，不管好坏贤愚都要能包容。

闲适

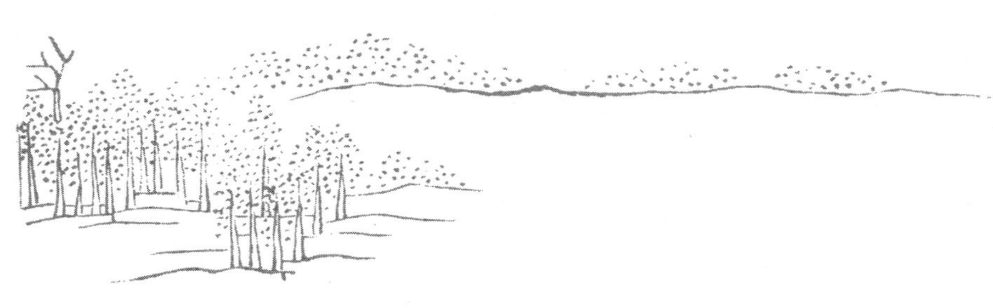

明代以降，融合了大量禅学思想的“心学”大盛，明清士大夫鲜有不受此影响的，他们倡导“心即理”“心外无物”等。《菜根谭》中,涉及“心性”之语甚多,如“此心常看得圆满，天下自无缺陷之世界；此心常放得宽平，天下自无险侧之人情”;“夜深人静，独坐观心，始觉妄穷而真独露”等等，不一而足。集其理据充实者，足可忘情于山水之间，令此心得以安顿。

二六九

疾风怒雨，禽鸟戚戚[①]；霁月光风[②]，草木欣欣[③]。可见天地不可一日无和气[④]，人心不可一日无喜神[⑤]。

注释

①戚戚：忧惧的样子。《论语·述而》："君子坦荡荡，小人长戚戚。"

②霁jì：雨过天晴。光风：雨后和煦之风。

③欣欣：草木茂盛的样子。

④和气：指和畅的天气。

⑤喜神：欢快、愉悦的心境。

译文

狂风暴雨中，飞鸟会感到忧惧不安；晴空万里时，草木会呈现欣欣向荣之貌。由此可见，天地之间不可以一日没有祥和之气，而人心更不可一日无欢喜之情。

二七〇

恩里由来生害[①]，故快意时须早回头[②]；败后或反成功，故拂心处切莫放手[3]。

注释

①恩里：恩惠，蒙受好处。

②快意：得意。

③拂心：违背自己的心愿，不能随心所欲地做事。

译文

身处顺境蒙受恩惠，往往会招来意想不到的祸患，所以一个人不可沉溺于快意之中，应该见好就收，尽早觉悟；而有时在遭受挫败后反而走向成功之路，所以不如意时千万不可就此罢休，放弃努力。

二七一

面前的田地要放得宽[1]，使人无不平之叹；身后的惠泽要流得长，使人有不匮之思[2]。

注释

①田地：指心田，心胸。

②不匮kuì之思：比喻永恒的思念。《诗经·大雅·既醉》："孝子不匮，永锡尔类。"匮，竭尽，缺乏。

译文

一个人待人处事的心胸要宽厚，使身边的人不会抱怨不公平；死后留给子孙与世人的恩泽要流得长远，才会使子孙有无尽思念。

二七二

此心常看得圆满[1]，天下自无缺陷之世界；此心常放得宽平，天下自无险侧之人情[2]。

注释

①看得圆满：意谓能自得其乐。

②险侧：险恶。

译文

在生活中常常能自得其乐，世间发生的事内心也就不会感到有缺陷了；心态宽容平和，对别人也就不会常怀提防之心而觉其邪恶了。

二七三

“为鼠常留饭，怜蛾不点灯”，古人此等念头，是吾人一点生生之机[1]。无此，便所谓土木形骸而已[2]。

注释

①生生之机：使万物生长的意念。

②土木形骸：土木，泥土和树木等只有躯壳而无灵魂的事物。形骸，专指人的躯体。

译文

“为了不让老鼠饿死，经常留一点剩饭给它们吃；为了可怜飞蛾被烧死，夜里只好不点灯火”，古人的这种慈悲之心，就是我们人类得以生生不息的生机，假如人类没有这一点悲悯，那就变成一具没有灵魂的躯壳，混同于泥土草木了。

二七四

阴谋怪习①，异行奇能，俱是涉世的祸胎②。只一个庸德庸行③，便可以完混沌而召和平④。

注释

①怪习：怪异的习性。

②祸胎：指招致祸患的根源。

③庸：平庸，普通。

④混沌：本指天地未形成之前的元气状态，借以比喻自然和无知、淳朴的心神。

译文

阴谋诡计，怪异习性，诡异的言行，奇怪的技能，都是生活中招致灾祸的根源。其实只要平平常常，顺其自然，就可以在俗世中保全自己的本性，过上快乐而平和的生活。

二七五

帘栊高敞[1]，看青山绿水吞吐云烟，识乾坤之自在；竹树扶疏[2]，任乳燕鸣鸠送迎时序，知物我之两忘。

注释

①帘栊lóng：带帘子的窗户。栊，古时指宽大有格子的窗户。

②扶疏：植物繁茂的样子。

译文

高卷起窗帘，看见云烟在青山绿水间缭绕，才明白大自然的逍遥自在；窗前翠竹、花木十分茂盛，乳燕鸣鸠相继报告时令光阴的变化，人们自可体会到物我两忘、浑然一体的意境。

二七六

天运之寒暑易避[1]，人世之炎凉难除；人世之炎凉易除，吾心之冰炭难去[2]。去得此中之冰炭，则满腔皆和气，自随地有春风矣。

注释

①天运：指大自然运行的规律。

②冰炭：指对人世间产生的各种负面看法。

译文

大自然的寒冬和炎夏容易躲避，人世间的人情冷暖、世态炎凉却难以消除；人世间的炎凉冷暖即使容易消除，积存在我们内心的恩怨仇恨却不易去除。假如能去除这些积压在心中的恩怨仇恨，那么就会感觉到胸怀中充满祥和之气，处处充满富有生机的春风。

二七七

夜深人静，独坐观心[①]，始知妄穷而真独露[②]，每于此中得大机趣[③]。既觉真现而妄难逃，又于此中得大惭忸[④]。

注释

①观心：观察心性。佛家认为心为万法之主，通过观心能洞察事物的本质，此处当自我反省解。

②妄穷而真独露：佛教认为一切事物皆非真有，肯定存在就是妄见。真，真心，与“妄”相对，这里指人本来具有的纯真心灵。

③机趣：即隐微的境地。

④大惭忸：极度的惭愧。

译文

在夜深人静、万籁俱寂之时，一个人静坐着省察内心，会发现妄念全消而真心流露，当此之际，体会到毫无杂念的幽微境界。既然已感到真心，而妄念偏偏难以全消，在此矛盾中，心里总会感觉到很惭愧。

二七八

好动者，云电风灯①；嗜寂者，死灰稿木②。须定云止水中③，有鸢飞鱼跃气象④，才是有道的心体⑤。

注释

①云电风灯：形容短暂，不稳定。

②嗜寂者：特别好静的人。死灰稿木：比喻丧失生机的东西。死灰，燃烧后的灰烬。稿木，枯树。稿，通“槁”，干枯。

③定云止水：比喻极为宁静的气象。定云是停住不动的云，止水是停住不流的水。

④鸢yuān飞鱼跃：鹰在天空飞翔，鱼在水中腾跃。形容万物各得其所。出自《诗经·大雅·旱麓》：“鸢飞戾天，鱼跃于渊。”

⑤心体：即本体，古时以心为思想的主体。

译文

一个好动的人，就像乌云下的闪电，又如风中的残灯，摇曳不定，忽明忽暗；一个喜欢清静的人，宛如死灰枯木，毫无生机。人应该静中有动，在定云止水的宁静之中，充满鸢飞鱼跃的生机，才是一种有修养的心性。

二七九

名根未拔者①，纵轻千乘②，甘一瓢③，总堕尘情④；客气未融者⑤，虽泽四海，利万世，终为剩技⑥。

注释

①名根：名利的念头，这里指贪慕虚荣。

②千乘：千辆兵车，战国时期指较大的诸侯国。此处喻指显达和富贵。

③一瓢：用瓢来饮水吃饭的清苦生活。语出《论语·雍也》篇："贤哉回也，一箪食，一瓢饮，居陋巷，人不堪其忧，回也不改其乐。"

④尘情：尘世之情。

⑤客气：理学术语。本指发乎血气的生理之性，与"心性"相对。此处指人的欲望。

⑥剩技：他人用过的伎俩。

译文

追求名利的念头没有彻底拔除的人，即使他能轻视富贵荣华，甘愿过清苦的生活，最后仍然无法逃避世俗名利的羁绊；不能对自己的欲望加以节制的人，即使他的恩德泽被四海，利达千秋，充其量也只是一种虚浮的伎俩。

二八〇

心体光明，暗室中有青天；念头暗昧[1]，白日下生厉鬼。

注释

①暗昧：阴暗。

译文

为人光明磊落，即使立身在黑暗世界，也能看到万里晴空；为人心理阴暗，在光天化日之下也仿佛眼前厉鬼横生。

二八一

静中念虑澄彻[1]，见心之真体；闲中气象从容，识心之真机；淡中意趣冲夷[2]，得心之真味。观心证道[3]，无如此三者。

注释

①念虑：意念。

②冲：淡泊。夷：夷通、和乐。

③观心证道：观察心性，验证天道。

译文

宁静时，思绪会像清水般清澈，这时才会发现人心的真体；闲暇时，气象会显得从容不迫，这时才会发现人心的真正奥妙；淡泊时，内心会像平静无波的湖水一般谦冲和蔼，这时才能获得人生的真正乐趣。要参透人生、正道，再也没有比这三种方式更好的了。

二八二

静中静非真静，动处静得来，才是性天之真境[1]；乐处乐非真乐，苦中乐得来，才见心体之真机。

注释

①性天：上天赋予的本性。

译文

在宁静的环境中能保持静，不是真的平静，只有在喧闹环境中还能保持心灵平静，才算得上是合乎本性的真的静；同样，在快乐的环境中笑逐颜开，并不是真的快乐，只有在艰难困苦中仍能保持快乐心态，才是人性中乐的最高境界。

二八三

心虚则性现①，不息心而求见性，如拨波觅月②；意净则心清③，不了意而求明心，如索鉴增尘④。

注释

①心虚：指心中没有杂念，与“息心”义近。

②拨波觅月：即水中捞月，指不切实际的幻想。

③意净：意念澄净，没有烦恼。与“了意”义近。

④索鉴增尘：想使镜子更加明亮却给镜子加上了灰尘，比喻适得其反。

译文

内心没有一丝杂念，人的善良本性才会显现，不使心神宁静而想要发现本性，就如同拨开水波来寻找月亮，越拨越是找不到；意念澄澈脑海才会清明，不了却心中烦恼而想使心情开朗，就等于本想使镜子更加明亮反而增加了灰尘，徒劳无益。

二八四

心体便是天体[①]。一念之喜，景星庆云[②]；一念之怒，震雷暴雨；一念之慈，和风甘露[③]；一念之严，烈日秋霜。何者少得？只要随起随灭，廓然无碍[④]，便与太虚同体[⑤]。

注释

①天体：自然界的本体。

②景星：德星，也称瑞星。代表祥瑞的星名。庆云：五色彩云，古人认为代表祥瑞。

③甘露：祥瑞的象征。

④廓然：广大。

⑤太虚：泛称天地。

译文

人的心体与自然是一致的。高兴的时候，就如同自然界有景星庆云的祥瑞之气；愤怒的时候，就如同自然界有电闪雷鸣、风雨交加的现象；慈悲之时，就如和风甘露；冷酷之时，就如同烈日秋霜。人们喜怒哀乐的情绪，与天地风霜雨露的变化一样，又有哪些能少得了呢？只要人的这些情感随起随消，没有郁积，便是与天地一体了。

二八五

标节义者①，必以节义受谤；榜道学者②，常因道学招尤③。故君子不近恶事，亦不立善名，只浑然和气④，才是居身之珍⑤。

注释

①标：标示，标榜。

②道学：也称理学，中国主要的哲学流派，形成于两宋，以朱熹为代表。

③尤：怨恨。

④浑然：纯朴，敦厚。

⑤居身：立身处世。

译文

标榜节义的人，到头来必然因为节义受到批评诋毁；标榜道学的人，经常因道学而招致人们的抨击。因此君子平日里既不要做坏事，也不要刻意想在世上留下什么好名声，只有保持淳厚朴实的本性，才是立身处世的无价之宝。

二八六

一念慈祥，可以酝酿两间和气；寸心洁白，

可以昭垂百代清芬[①]。

注释

①昭垂：光明正大地流传。昭，明。垂，流布。

译文

心存慈悲的念头，与人交往时自然就会生发出和平之气；心地纯洁无瑕，可以使得自己的美名流芳百世。

二八七

夸逞功业[①]，炫耀文章，皆是靠外物做人。不知心体莹然[②]，本来不失，即无寸功只字，亦自有堂堂正正做人处。

注释

①夸逞：夸耀。逞，强行显露。

②莹然：本指玉石的光彩，比喻晶莹光亮。

译文

一味地向别人夸耀自己的功业，炫耀自己的文章，这都是借身外之物来装点自己。岂不知人的本心就如同白玉般晶莹剔透，只要不失掉善良淳朴的本性，即使在一生中没建立多少所谓的功勋，没留下什么道德文章，那还是一个堂堂正正的人。

二八八

兴逐时来[1]，芳草中撒履闲行[2]，野鸟忘机时作伴[3]；景与心会，落花下披襟兀坐[4]，白云无语漫相留。

注释

①逐：相随。

②撒履闲行：率性而悠闲地行走。撒履，脱下鞋子。

③忘机：忘却机心。

④兀坐：挺直独坐。

译文

兴致来时，何妨脱下鞋袜光脚在草地上闲行漫步，就连小鸟也会忘记对人类的戒心而与我做伴；当大自然的景色和我的思想融为一体时，何妨在落花下披衣独坐，白云从天边静静飘过，虽然没有言语，却满怀留恋之情。

二八九

风恬浪静中[1]，见人生之真境；味淡声希处[2]，识心体之本然。

注释

①风恬浪静：比喻生活平静无波。

②味淡声希：指淡泊清贫的生活。味，泛指美味。声，指一切美好的声色享受。希，通“稀”。

译文

在平淡宁静的环境中，才能发现人生的真谛；在粗茶淡饭的清贫生活中，才能体会人心的真实所在。

二九〇

听静夜之钟声，唤醒梦中之梦[①]；观澄潭之月影[②]，窥见身外之身[③]。

注释

①梦中之梦：比喻人生就是一场大梦，一切吉凶祸福更是梦中之梦。

②澄潭之月影：即水中之月，以悟一切事物皆虚幻。澄潭，清澈的水潭。

③身外之身：此指人的品德、灵性。

译文

夜深人静时听到远处传来的钟声，可以惊醒人们梦幻中的迷茫；在清净的潭水中观察到月亮的倒影，可以帮助我们发现世俗肉身以外的灵性。

二九一

寒灯无焰[1]，敝裘无温[2]，总是播弄光景；身如槁木，心似死灰，不免堕落顽空[3]。

注释

①寒灯无焰：灯烛在寒气的摇曳下光焰暗淡。
②敝裘：破旧的衣服。
③顽空：佛家语，谓一切皆空。

译文

微弱的灯光无法燃起火焰，破旧的大衣无法让人感到温暖，这都是造化弄人的景象；肉身犹如干枯的树木，心灵好似燃尽的死灰，必然会陷入冥顽虚空之中。

二九二

损之又损[1]，栽花种竹，尽交还乌有先生[2]；忘无可忘[3]，焚香煮茗，总不问白衣童子[4]。

注释

①损之又损：减少。语出老子《道德经》：“为学日益，为道日损，损之又损，以至于无为。”

②乌有先生：世间没有的虚构人物。典出司马相如《子虚赋》。

③忘无可忘：佛家修持讲究物我两忘，忘无可忘，谓已达大彻大悟的境界。

④不问白衣童子：不问送酒的白衣人是何许人，比喻已经进入完全忘我的状态。典出《续晋阳秋》。

译文

将对物质的欲望降到最低限度，每天种些花栽些竹，把世间烦恼通通忘记；脑海中了无烦恼，甚至没有什么可以忘记的东西，每天面对佛坛烧香，手提水壶烹茶，不问白衣童子为谁送酒，最终进入忘我的境界。

二九三

色欲火炽，而一念及病时，便兴似寒灰；名利饴甘[①]，而一想到死地，便味如嚼蜡。故人常忧死虑病，亦可消幻业而长道心[②]。

注释

①饴yí：一种膏状的糖。

②幻业：佛家语，本指造作，凡造作的行为，不论善恶皆称业，但是一般都以恶因为业。道心：指发于义理之心，与“人心”相对。

译文

当色欲如烈火般燃烧起来时，只要想一想生病时的痛苦，欲念之火便会冷却下来，如一堆冷灰；功名利禄看似像蜜糖一般甘美，但只要想一想死亡的情景，这些名利就会像嚼蜡一般毫无滋味。因此，一个人要经常想一想生老病死，便会清除许多虚幻的追求，而增加心性上的智慧。

二九四

出世之道即在涉世中，不必绝人以逃世[①]；了心之功即在尽心内[②]，不必绝欲以灰心。

注释

①绝人：断绝与人的交往。

②了心：佛教语，了悟本心。了，觉悟、明白。尽心：充分发挥自己的本心。《孟子·尽心上》："尽其心者，知其性也。"

译文

远离凡尘俗世的方法，应在人世间的磨炼中，根本不必离群索居，远遁山林；了悟心性的功用，应该尽心竭力去修身养性，根本不必断绝一切欲念，使内心犹如死灰一般沉寂。

二九五

竹篱下，忽闻犬吠鸡鸣，恍似云中世界[①]；芸窗中[②]，雅听蝉吟鸦噪，方知静里乾坤[③]。

注释

①云中世界：形容自由自在的快乐世界。

②芸窗：借指书斋。芸，芸香，古人护藏书避虫蠹常用芸香。

③乾坤：天地。

译文

当你正在竹篱笆外散步，忽然传来一阵狗叫鸡鸣之声，宛如置身于一个虚无缥缈的快乐世界；当你静坐在书房里读书时，忽然听到蝉鸣鸦啼之音，则会体验到宁静中别有一番天地。

二九六

机重的[①]，弓影疑为蛇蝎[②]，寝石视为伏虎[③]，此中浑是杀气[④]；念息的[⑤]，石虎可作海鸥，蛙声可当鼓吹，触处俱见真机[⑥]。

注释

①机重：狡诈多虑，内心动摇不定。

②弓影疑为蛇蝎：由于有所猜疑而迷乱了心神，误把杯中映出的弓影当作蛇蝎。

③寝石：卧石。《韩诗外传》："昔者楚熊渠子夜行，见寝石，以为伏虎，弯弓而射之，没金饮羽。"

④浑：都，全部。

⑤念息：心中没有非分的欲望。

⑥触处：所接触之处。真机：真理，真谛。

译文

一个内心狡诈多虑的人，往往容易产生猜忌的念头，连杯中的弓影都会怀疑成蛇蝎，甚至静卧的石头都会当成是伏卧的老虎，所想到的全是凶险；一个心平气和的人则不然，他会把石虎当成温顺可亲的海鸥，把聒噪的蛙声当作悦耳的乐曲，到处都是一片祥和之气，从中可以悟到人生真谛。

二九七

发落齿疏，任幻形之凋谢[①]；鸟吟花笑，识自性之真如[②]。

注释

①幻形：佛教语，幻身。

②真如："真实如来"的简称。佛家语，指永恒不变的真理。

译文

人年老后，头发掉落、牙齿稀疏，这是生理上的自然现象，大可任其自然脱落而不必悲伤；春天时，小鸟歌唱、百花盛开，这都是自然规律，从中我们体会到了生命永恒不变的真理。

二九八

古德云[①]："竹影扫阶尘不动，月轮穿沼水无痕。"吾儒云[②]："水流任急境常静，花落虽频意自闲[③]。"人常持此意，以应事接物，身心何等自在。

注释

①古德：古时有德行的人。

②吾儒：指北宋理学家邵雍。

③水流任急境常静，花落虽频意自闲：流水和落花都是动态物体，而静与闲是修养功夫。人的心智能进入静的境界，就不会受外界影响。

译文

古时一位有德行的人说过："竹影在台阶上掠过，台阶上的尘土却不为所动；月亮穿过池水映在水中，水面却波澜不生。"邵雍说："不论水流如何湍急，意境却很幽静；花瓣虽然纷纷飞落，却别有一番闲适意味。”一个人如能常常以这种心境处世接物，身心该是何等自在。

二九九

心地上无风涛，随在皆青山绿树；性天中有化育[1]，触处见鱼跃鸢飞。

注释

①性天：本性，天性。化育：本指自然生成万物，此处指先天善良的本性。

译文

心中平静无波，身处之地皆是青山绿树，充满和平安宁；天性善良博爱，能化育万物，满目所见都像是鱼游水中、鸟飞空中，充满生机。

鱼得水逝，而相忘乎水；鸟乘风飞，而不知有风。识此可以超物累[1]，可以乐天机[2]。

注释

①超物累：超越外物加诸己身的羁绊。

②乐天机：从大自然的造化中得到乐趣。

译文

鱼在水中欢畅游动，但是没感觉到水对它们至关重要；鸟借风力才能振翅高飞，但是不知道自己置身风中。人如果能看清此中道理，就可以超然物外，摆脱世俗的羁绊，欣赏大自然所蕴含的真正乐趣。

才就筏便思舍筏[①]，方是无事道人[②]；若骑驴又复觅驴，终为不了禅师[③]。

注释

①筏：一种用竹木编制的渡河工具。

②无事道人：指不为世事所牵累而已悟道的人。

③不了禅师：不懂佛理的和尚。

译文

刚跳上竹筏，便能想到过了河此筏便可舍去，这是不为外物所牵累的得道之士；假如骑着驴子又在另找一头更好的驴子，这样的人终究是既不能悟道也不能得到解脱的和尚。

三〇二

羁锁于物欲[1]，觉吾生之可哀；夷犹于性真[2]，觉吾生之可乐。知其可哀，则尘情立破；知其可乐，则圣境自臻[3]。

注释

①羁锁：束缚。

②夷犹：徜徉，流连。

③臻：达到。

译文

终日被物欲束缚，总觉得自己的生命很可悲；徜徉于人的纯真本性中，才会发现此生的真正快乐。了解受物欲困扰的悲哀之后，世俗的烦恼便可立刻消除；懂得留恋于纯真本性的欢乐，则生命的圣境可自然达到。

三〇三

真空不空[1]，执相非真[2]，破相亦非真，问世尊如何发付[3]？在世出世，徇欲是苦[4]，绝欲亦是苦，听吾侪善自修持[5]。

注释

①真空：佛家语，指超越一切世俗杂念的境界。佛家认为这才是真实的境界，故曰“真空”。不空：涅槃境界，是超脱世间一切烦恼的清净境界，是对生死诸苦及其要源的彻底断灭。因为这个境界绝对真实，故称“不空”。

②执相：固执于个别形象。佛教把可以分别、认识的一切现象称作“相”。

③世尊：佛教对佛祖释迦牟尼的尊称。发付：发表意见。

④徇欲：由着欲望发展。

⑤吾侪：我们，我辈。

译文

佛教所说的真空其实并不空，世人所追求和沉迷的物欲人情其实并不真，闭眼不见世间的一切也不真实，请问佛祖该如何解释？置身于世间，却想要摆脱世俗的束缚，追随自身欲念很痛苦，断绝一切欲望也很痛苦，该如何应对？这只能依靠我们自身的修行了。

三〇四

性天澄彻，即饥餐渴饮，无非康济身心[①]；心地沉迷，纵谈禅演偈[②]，总是播弄精魂[③]。

注释

①康济：调养身体。

②谈禅演偈：谈论禅理，意谓遁入佛门。演偈就是解释偈语。偈，又可译为“颂”，有一定字数，四句为一节，是演法义赞佛德的一种诗句。

③播弄精魂：播弄，摆布、摆弄的意思。精魂，精神魂魄，此指精力。

译文

天性澄澈的人，虽然同常人一样，饿了就吃饭，渴了就饮水，这些无非是为了保持自己的身心健康；一个心思沉迷于世俗名利的人，即使遁入佛门，整天讨论佛经，谈论禅理，也不过是白白浪费精力。

三〇五

当雪夜月天，心境便尔澄彻；遇春风和气，意界亦自冲融[①]。造化人心，混合无间。

注释

①意界：心意和境界。冲融：冲淡，圆融。

译文

大雪之夜，皓月当空，天地间一片银色，人的心情也会随之格外澄澈；春风拂面，人的不良情绪也会得到适当调整，为人一派冲和气象。可见大自然和人的心灵其实是相融相通的。

三〇六

理寂则事寂[①]，遣事执理者[②]，似去影留形；心空则境空[③]，去境存心者，如聚膻却蚋[④]。

注释

①理：中国古代哲学范畴。按宋明理学家的观点，理是先于天地万事万物而存在的最高本体，但理不可离事而求，只能在具体的事中把握。这是理和事的相互依存关系。

②遣：排斥、放弃。

③心：对外界的认识。境：心所认识的对象。

④蚋ruì：一种小昆虫，黑色，头小，触角粗短，以吸食人畜的血液为生。

译文

理寂灭事物也随着寂灭，不着眼于实际事物而执着于理，就像要排除影子而留下形体那样荒唐；内心空外境也跟着空，排除外境的干扰而想保留内心，就像聚起一大堆膻肉，却想以此驱赶蚊蚋一般可笑。

三〇七

心无其心，何有于观？[①]释氏曰“观心”者[②]，重增其障。物本一物，何待于齐？庄生曰“齐物”者[③]，自剖其同[④]。

注释

①心无其心，何有于观：人的心性本清净无念，何必再观想省察。这是禅宗的基本思想。第一个“心”字指心的本体，后一个“心”字指一切思考与忧虑。

②释氏：指佛祖释迦牟尼。

③庄生：先秦著名思想家庄子，名周。

④自剖其同：自己想要分割本来相同的事物。剖，剖开，分割。

译文

如果心中能排除掉一切杂念，又何必要在内省观察上下功夫呢？佛祖所说的“反观内省”，实际上又增加了修行的障碍；天地间万物本来一体，又何必等待人来划齐平等呢？庄子所说的“齐同万物”，等于将本来属于一体的事物割裂开来。

三〇八

笙歌正浓处，便自拂衣长往[①]，羡达人撒手悬崖[②]；更漏已残时[③]，犹然夜行不休[④]，笑俗士沉身苦海。

注释

①拂衣长往：振衣离去而不返，形容毫无留恋之意。拂，振动。往，离去。

②撒手悬崖：比喻在危险时能猛然回头。

③更漏已残：形容夜已深沉。更漏，古代用来计时的仪器。

④犹然：仍然。夜行不休：此指应酬繁忙。

译文

歌舞看得兴味正浓时，能独自拂衣而去，这种身处悬崖边而能断然回头的旷达之士，让人羡慕；夜深人静时，还忙着应酬，孜孜以求名利，这种甘愿自沉于苦海的俗人，说来真是可笑。

三〇九

喜寂厌喧者，往往避人以求静。不知意在无人，便成我相[①]，心着于静，便是动根[②]。如何到得人我一视、动静两忘的境界[3]！

注释

①我相：此指自体，佛家语，是佛教四相之一。

②动根：动乱之源。

③人我一视：视他人和我为一体，平等无别。

译文

喜欢寂静讨厌喧嚣的人，往往通过离群索居来求取安宁。他却不知道想着远离众人时，心中所执着的其实是自身，而一心求静的结果，成为内心躁动的根源。这样又怎能做到将别人与自己同等看待，从而达到动静皆忘的境界呢？

山居胸次清洒[1]，触物皆有佳思：见孤云野鹤[2]，而起超绝之想；遇石涧流泉，而动澡雪之思[3]；抚老桧寒梅，而劲节挺立；侣沙鸥麋鹿，而机心顿忘。若一走入尘寰[4]，无论物不相关，即此身亦属赘旒矣[5]。

注释

①胸次：胸襟。

②孤云野鹤：均为自由自在、不受束缚之物。

③澡雪：洗涤而使之洁净。澡，沐浴。雪，此处

用作动词，洗涤。

④寰：世界。

⑤旒：多而无用。旒是旗下所垂之穗，引申为多余的装饰物。

译文

在山野闲居时，心胸自然开朗洒脱，所接触的事物自然都能引起美好的思绪：看到孤云野鹤，就会动起超尘脱俗的念头；看到山谷溪间的涓涓流泉，就会有洗洁一切世俗杂念的想法；手抚老桧寒梅，生出砥砺节操的念头；终年与温和的沙鸥和麋鹿在一起，则尘世中钩心斗角的邪念顿时忘却。如果此时再步入尘世，不仅万物与自己无关，便是自己的身体也显得多余！

三一一

机息时[①]，便有月到风来，不必苦海人世；心远处，自无车尘马迹，何须痼疾丘山[②]。

注释

①机息：机巧之心平息。

②痼疾：本指经久不愈的病。此处指长久的习惯嗜好。

译文

人的机巧之心平息了，自然会看到明月清风，没有必要视人世为苦海，一心想要超脱；内心远离世俗，周围自然无车马的喧嚣声，何必执着于归隐山林、出世隐居呢？

三一二

人心多从动处失真，若一念不生，澄然静坐，云兴而悠然共逝，雨滴而冷然俱清，鸟啼而欣然有会，花落而潇然自得，何地非真境，何物无真机①？

注释

①真机：玄妙的真理。

译文

人心往往在躁动不安中失去了自己的纯真，假如任何杂念都没有，只是独自凝心静坐，那一切杂念都会随着天上飘动的白云而消逝，随着雨点落下，心灵会有种被洗涤的感觉，听到鸟儿呢喃，就有喜悦之感，看到花瓣飘落，会觉得心情豁然开朗。如此一来，哪里没有纯真的境界，哪里不闪现着大自然的玄妙呢？

三一三

耳根似飙谷投响[1]，过而不留，则是非俱谢；心境如月池浸色[2]，空而不着，则物我两忘。

注释

①飙谷投响：狂风卷过山谷而发出的声响。飙谷，大风吹过山谷。

②月池浸色：月亮在池水中的倒影所映出的月色。

译文

耳根假如像狂风卷过山谷，风一过，则没有什么余音留下，那么人世间所有的是是非非对你都不会起作用；心境假如能像池塘里的月色，虽然皎洁明亮，却不留任何痕迹，那么，人就能够物我两忘，与外界融为一体。

三一四

时当喧杂，则平日所记忆者皆漫然忘去；境在清宁，则夙昔所遗忘者又恍尔现前[1]。可见静躁稍分，昏明顿异也。

注释

①恍尔：恍然，忽然。

译文

每当周围环境喧嚣杂乱时，那么平日里记得很清楚的东西都会忘得一干二净；每当周围环境清静安宁时，那么过去所遗忘的事物又会忽然浮现在眼前。可见浮躁和宁静只要稍微有一点区分，那么心性明暗的差异很快就会显现。

三一五

热闹中着一冷眼，便省却许多苦心思；冷落处存一热心，便得许多真趣味。

译文

在热闹的环境中，能保持一种冷静的眼光，就可以减少很多无谓的烦恼；在失意落魄的孤独中，如能保持一股奋发向上的精神，便可得到许多生活中的真正乐趣。

三一六

林间松韵[①]，石上泉声，静里听来，识天地自然鸣佩[②]；草际烟光，水心云影，闲中观去，见乾坤最上文章。

注释

①松韵：松涛。

②鸣佩：古代达官贵人和仕女常将美玉系于衣带上作为饰物，行走时玉石间互相击触发出清脆的声响。

译文

山林中松涛阵阵，山上的泉声，静心倾听，就能体会到天地间所奏出的美妙乐章。江边的衰草，营造出一种迷蒙的美感；天空中的云彩倒映在水中，显得特别绚丽；心情安闲静静欣赏，总能看到世上最美的篇章。

三一七

今人专求无念，而念终不可无。只是前念不滞[①]，后念不迎，但将现在的随缘打发得去，自然渐渐入无。

注释

①滞：停滞，停留。

译文

今人一心想要做到心中没有杂念，却始终做不到。其实只要使以前的旧念头不留在心中，也不去忧虑以后的事情，只专注处理当下的事情，内心的杂念自然而然就慢慢消除了。

三一八

莺花茂而山浓谷艳，总是乾坤之幻境；水木落而石瘦崖枯，才见天地之真吾①。

注释

①真吾：真实的自我。这里指大自然的本来面貌。

译文

鸟语花香、美丽夺目的山谷，只不过是大自然的一种幻境；秋天一到，河水干涸，叶落石枯，山崖清瘦，这才显现出天地间本来的真面貌。

三一九

禅宗曰："饥来吃饭倦来眠。"《诗旨》曰："眼前景致口头语。"盖极高寓于极平，至难出于至易；有意者反远，无心者自近也。

译文

禅宗说："饿了就吃饭，困了就睡觉。"《诗旨》说：

“用平常语言描绘眼前之景。”大概世间高深的道理，往往产生于极平凡的事物，看似很难完成的事情往往由最容易的事情组成；刻意为之的人，往往离所求之事甚远；而不以机心对待它们的人，则自然而然地走近了它们。

三二〇

从冷视热，然后知热处之奔驰无益；从冗入闲[①]，然后觉闲中之滋味最长。

注释

①冗：忙乱，繁杂。

译文

从名利场退出，用冷静淡泊的眼光审视那些追名逐利的行径，便会感觉这种奔波实在没有什么好处；从忙乱中清闲下来，会觉得这种闲淡生活的滋味最为长久。

三二一

一字不识，而有诗意者，得诗家真趣；一偈不参，而有禅味者，悟禅教玄机。

译文

一字不识，说话却富有诗意，是得到作诗真趣的人；从不参禅，话语却充满禅机，这才是真正领悟禅宗深奥义理的人。

三二二

谈《易》晓窗，丹砂研松间之露[①]；谈《经》午案，宝磬宣竹下之风[②]。

注释

①“丹砂”句：用松间露水来研磨朱砂，以供批点典籍。

②磬：寺院中的敲击乐器，用石、玉或金属为材料做成。宣：传播，飘荡。

译文

清晨静坐窗前读《周易》，用松间滴下的露水研磨的朱砂圈点书中精义；午间在书案上诵读佛经，让清脆的磬声随风飘荡到竹林之间。

三二三

松涧边，携杖独行，立处云生破衲[①]；竹窗下，枕书高卧，觉时月浸寒毡[②]。

注释

①“立处”句：立足之处，云气包围着周身，仿佛这云气是从破衲衣中飘出来似的，好不超尘脱俗。衲，和尚穿的衣服，此处指宽大的长袍。

②毡：毛制的毡子。

译文

在满是松树的山涧旁边，独自一人携杖而行，这时从山谷中浮起一片云雾，仿佛这云气是从破衲衣中飘出来似的；在寒冷的竹窗之下读书，头枕着书睡着了，醒来时冷月相对，仿佛浸透了毡被。

三二四

忙处不乱性，须闲处心神养得清；死时不动心，须生时事物看得破。

译文

事务忙乱不堪时，要想保持冷静态度而不慌神，必须在平时培养自己清晰敏捷的头脑；面对死亡也毫不畏惧，必须在平日看破红尘，对人生大彻大悟。

三二五

热不必除，而除此热恼[①]，身常在清凉台上；

穷不可遣，而遣此穷愁，心常居安乐窝中。

注释

①热恼：由炎热产生的躁动不安的情绪。

译文

酷暑炎炎，根本不必用特殊方式消除，只要消除内心那烦躁不安的情绪，身体就犹如坐在清凉台上一般凉爽；贫困也不必用特殊方式消除，只要排除因贫穷而生的烦忧愁绪，就宛如生活在安乐窝般幸福。

三二六

嗜寂者，观白云幽石而通玄[①]；趋荣者，见清歌妙舞而忘倦。唯自得之士，无喧寂，无荣枯，无往非自适之天[②]。

注释

①玄：指深奥微妙的哲理。据《道德经》：“玄之又玄，众妙之门。”

②自适之天：悠然自得的天地。

译文

喜欢清静的人，看到天上的白云和幽谷的奇石，能领悟出极深奥微妙的哲理；热衷权势的人，沉浸在清歌妙舞中，不知疲倦。只有那些自得其乐之人，内心既无喧哗也无寂静，既无繁茂也无枯萎，在哪里都犹如生活在悠然自得的天地中。

三二七

孤云出岫[①]，去留一无所系；朗镜悬空，静躁两不相干。

注释

①岫xiù：山洞 此作峰峦解。陶渊明《归去来兮辞》："云无心以出岫，鸟倦飞而知还。"

译文

一片白云飘出山间，自由地飞向天际，了无牵挂，好不自在；皎洁的明月像一面镜子挂在天空，对人间的宁静、喧嚣全无感触，好不超然。

三二八

悠长之趣，不得于酞酽[①]，而得于啜菽饮水[②]；惆怅之怀，不生于枯寂，而生于品竹调丝[③]。固知浓处味常短，淡中趣独真也。

注释

①酡酽nóng yàn：指豪奢的生活。酡，味道醇厚的酒；酽，香味浓厚的茶。

②啜菽shū饮水：比喻清淡的生活。啜，吃。菽，豆类的总称。

③品竹调丝：欣赏音乐。竹、丝，代指乐器。

译文

令人回味无穷的情趣，并不是在美酒佳肴中得来，而源于粗茶淡饭的清淡生活；惆怅忧伤的情怀，并非产生在穷愁潦倒中，而是在轻歌清音中生成，可见奢华中获得的趣味常常是短暂的，清淡中获得的趣味才是真情趣。

三二九

水流而境无声，得处喧见寂之趣；山高而云不碍，悟出有入无之机。

译文

河水川流不息，周围环境则更加显得寂静无声，从中可得到闹中取静的意趣；山虽然很高，但不妨碍白云的飘动，从中可以悟出从有我之境进入无我之境的奥秘。

三三〇

山林是胜地，一营恋便成市朝[①]；书画是雅事，一贪痴便成商贾。盖心无染着，欲界是仙都；心有系恋，乐境成苦海矣。

注释

①营恋：依恋而有所图。

译文

深山树林是隐居的好地方，可是一旦产生迷恋之心，就会变成庸俗喧嚣的闹区；书画本来是文人墨客的一种高雅趣味，可是一旦产生贪恋念头，就会成为俗不可耐的商人。一个人只要心地纯洁，丝毫不被外物所沾染，即使身处物欲，心中自有仙境；一旦迷恋功名利禄，即使置身乐境，也犹如沉入苦海。

三三一

芦花被下[①]，卧雪眠云，保全得一窝夜气[②]；竹叶杯中[③]，吟风弄月，躲离了万丈红尘。

注释

①芦花被：用芦苇花絮做的被，喻粗劣之被。

②夜气：指清明纯净的气息。

③竹叶：指竹叶青酒，代指清酒。

译文

虽然身披芦花粗被而眠，但有白雪青云相伴，也可得到一番清明纯净的气息；手持一杯清酒，边写诗填词边尽情高歌，这样自然能远远逃开尘世的繁华喧嚣。

三三二

宠辱不惊，闲看庭前花开花落；去留无意，漫随天外云卷云舒。

译文

对于一切荣耀屈辱都无动于衷，内心安宁，欣赏庭院中的花开花落；对于官职的升迁得失漠不关心，冷眼观看天上的浮云随风聚散。

三三三

晴空朗月，何天不可翱翔，而飞蛾独投夜烛；清泉绿卉，何物不可饮啄，而鸱鸮偏嗜腐鼠[①]。噫！世之不为飞蛾鸱鸮者，几何人哉！

注释

① 鸱鸮chī xiāo：鸟名，俗称猫头鹰，常用来比喻贪恶之人。

译文

晴空万里，朗月当空，何处不可以自由自在地飞翔？可是飞蛾偏偏扑向夜烛自取灭亡；清澈泉水，翠绿花草，什么东西不可以饮食充饥呢？可是鸱鸮却偏偏喜欢吃腐烂的死鼠。唉！世上能够不做出类似飞蛾和鸱鸮这样蠢事的人，又有多少个呢？

三三四

胸中即无半点物欲，已如雪消炉焰冰消日。眼前自有一段空明，时见月在青天影在波。

译文

一个人心中假如没有丝毫物质欲望，就像雪落入炉中，寒冰在烈日下融化一般消失得安宁而快速；眼前自会呈现一片明亮透彻的景象，宛如看见皑月当空，月光倒映在水中一般宁静。

三三五

树木至归根[①]，而后知华萼枝叶之徒荣[②]；人事至盖棺[③]，而后知子女玉帛之无益[④]。

注释

①归根：指秋天树木凋零，叶落归根。《景德传灯录》记六祖慧能涅槃时答众曰："叶落归根，来时无口。"

②华萼：即"花萼"。萼，花瓣最外面的叶状薄片。

③盖棺：指人死后入殓棺木，引申指一个人生命、事业的结束。

④玉帛：贵重的礼物。玉，美玉。帛，丝绸。

译文

树木到了叶落归根时，人们才知道繁花绿叶只不过是一时的荣华；人到死后进入棺材，才明白子女、金钱皆为外物，多生多占毫无用处。

三三六

意所偶会，便成佳境；物出天然，才见真机。若加一分调停布置，趣味便减矣。白氏云："意随无事适，风逐自然清。"有味哉！其言之也。

译文

偶然所领会的意境是最佳的意境，东西出于天然才能看出造物者的真趣味；假如加上一分调停布置的机心，那天然的趣味自然就减少了几分。白居易的诗说："胸中无事时，意趣最恰当，风要起于自然才会感到凉爽。"这两句诗真是值得玩味。

三三七

钓水[①]，逸事也，尚持生杀之柄；弈棋，清戏也[②]，且动战争之心。可见喜事不如省事之为适，多能不如无能之全真[③]。

注释

①钓水：钓鱼。

②清戏：高雅的游戏。

③全真：保持本性。

译文

钓鱼本是件安逸的事情，可是其中却手握对鱼儿的生杀大权；下棋本是种高雅的游戏，可是其中却要引动战争杀伐的心思。可见与其有喜事倒不如省事好，本事大倒不如没有能耐更能保全人的善良本性。

三三八

得趣不在多，盆池拳石间[①]，烟霞具足；会景不在远[②]，蓬窗竹屋下，风月自赊[③]。

注释

①盆池拳石：指盆景。

②会景：会心的景致。

③赊：久远。

译文

生活中的乐趣不在占有物质的多少，即使在小小的盆景里，也能看到拳石、烟霞相间，展现出大自然的美丽；寻找会心的景致也不必跑到很远，蓬窗竹屋下，也能感受到清风明月的久长。

三三九

鸟语虫声，总是传心之诀；花英草色，无非见道之文[①]。学者要天机清彻，胸次玲珑，触物皆有会心处。

注释

①见道之文：体现天道的文字。

译文

鸟语虫声所传达的都是大自然表达感情的方法；花红草绿无不是天道之理的体现。学者只要念头纯净，剔透玲珑，对万事万物都会产生心灵上的共鸣。

三四〇

心无物欲，即是秋空霁海[1]；座有琴书，便成石室丹丘[2]。

注释

①霁海：云雾散开的大海。

②石室丹丘：传说中神仙居住的地方。

译文

一个人如果不受物欲的诱惑，心地就会像秋天的蓝天和平静的大海那般开朗；一个人居住的地方，如果有自己喜欢的琴棋书画以供消遣，就如同住在神仙洞府般逍遥自在。

三四一

衮冕行中[1]，着一藜杖的山人[2]，便增一段高风；渔樵路上，着一衮衣的朝士[3]，转添许多俗气。固知浓不胜淡，俗不如雅也。

注释

①衮冕行：达官显贵的行列。衮，古代皇帝所穿绣龙的衣服。冕，古代天子、诸侯、卿大夫等

所戴的帽子。

②藜杖：指手杖。山人：指山中的隐士。

③朝士：指在朝为官的人。

译文

在一群达官显贵之中，如果出现一位手持藜杖、身穿粗布衣裳的隐者，在这世俗气中便平添了一股清风；在樵夫常走的路上，突然出现一位身着华服的官员，反而在淳朴的山野中增加了一些俗气。所以荣华富贵不如淡泊宁静，红尘俗世不如清雅山野。

三四二

此身常放在闲处，荣辱得失，谁能差遣我？此心常安在静中，是非利害，谁能瞒昧我①？

注释

①瞒昧：隐瞒实情。

译文

如果身心常处在从容安逸的环境中，那么世间所谓荣华富贵与成败得失怎么能左右得了我呢？如果经常保持心灵的宁静，人间的功名利禄与是是非非又怎能蒙蔽得了我呢？

三四三

徜徉于山林泉石之间，而尘心渐息；夷犹于诗书图画之内[1]，而俗气潜消。故君子虽不玩物丧志，亦常借境调心。

注释

①夷犹：徘徊、犹豫不进的意思。

译文

人如果经常漫步山川林泉岩石之间，感受到山野的自然气息，那么尘世的种种杂念就会渐渐平息；人如果经常流连在诗词书画中，身上的俗气也会慢慢消失。所以有道德修养的君子，即使不会沉迷于外物而丧失斗志，也需要经常找个机会接近大自然来调剂身心。

三四四

春日气象繁华，令人心神骀荡[1]，不若秋日云白风清，兰芳桂馥，水天一色，上下空明，使人神骨俱清也[2]。

注释

①骀dài荡：舒畅。

②神骨俱清：指精神和形体都感到舒适畅快。

译文

春天万象更新，大地百花齐放一片繁华，使人感到精神舒适畅快，但是不如秋高气爽时的白云清风，兰桂飘香，水天一色，空明辽阔，使人感到精神清爽，畅快异常。

三四五

身如不系之舟[①]，一任流行坎止[②]；心似既灰之木[③]，何妨刀割香涂。

注释

①不系之舟：指不用绳索缚住的船，比喻自由自在。

②流行坎止：遇流则行，遇坎则止，意谓随波逐流。

③既灰之木：被火烧过的木头，言心已死去。

译文

人生就如一叶扁舟，自由自在地随波逐流，该行则行，当止则止；内心就如将要燃烧成灰的枯木，人世间的成败毁誉对其没有影响。

三四六

花居盆内终乏生机，鸟入笼中便减天趣。不若山间花鸟错杂成文[①]，翱翔自若，自是悠然会心。

注释

①错杂成文：指山间百花盛开，竞相怒放，空中的鸟儿交错飞翔，集成一幅美丽的图画。文，指自然景致。

译文

栽植在盆中的花往往会失去以往的勃勃生机，关进笼中的鸟也会减少其天然的情趣。不如山间的野花那样开得美丽自在，天空的野鸟那般自由飞翔，看起来更加赏心悦目。

三四七

人心有个真境，非丝非竹而自恬愉，不烟不茗而自清芬。须念净境空，虑忘形释[①]，才得以游衍其中[②]。

注释

①形释：形，躯体。释，有解脱之义。

②游衍：悠然游乐的意思。

译文

人的内心如果真存有一个类似佛家所讲的真实境界，无欲无想，即使没有音乐来调剂生活，自己也会感到舒适愉快，无需焚香烹茶也会感到满室清香。只要内心清净纯洁，忘却那些杂念，摆脱形体的羁绊，就能使自己生活在悠然自乐的情趣中。

三四八

金自矿出，玉从石生，非幻无以求真；道得酒中，仙遇花里，虽雅不能离俗。

译文

从矿山中挖出黄金，在粗糙的石头中打磨出美玉，没有虚幻相对，真实也难以找寻；能在觥筹交错中悟出一些道理，能在百花丛中遇到得道成仙的人，可见高雅的事情也不会凭空脱离俗世而存在。

三四九

神酣布被窝中[①]，得天地冲和之气；味足藜羹饭后，识人生澹泊之真。

注释

①神酣：本义为酒饮到妙处。此处指精神怡然自得。

译文

能在粗布被窝里睡得香甜之人，能够得天地间的和顺之气；粗茶淡饭吃得香甜之人，也能认识到恬淡生活的真正乐趣。

三五〇

斗室中，万虑都捐[①]，说甚画栋飞云，珠帘卷雨[②]；三杯后，一真自得[③]，唯知素琴横月，短笛吟风。

注释

①捐：放弃。

②画栋飞云，珠帘卷雨：形容房屋的极度华丽，语出王勃《滕王阁诗》："画栋朝飞南浦云，珠帘暮卷西山雨。"

③一真：佛家称绝对真理为一真。

译文

如果住在空间狭小的斗室中，忘掉世间一切忧愁烦恼，还奢求什么雕梁画栋、飞檐入云，珍珠穿成的帘子像雨珠般的豪华住宅；三杯老酒下肚，对世间的真理有所领悟，这时只知道素琴对月，短笛吟风，雅趣自然无限。

三五一

幽人清事总在自适[①]，故酒以不劝为欢，棋以不争为胜，笛以无腔为适[②]，琴以无弦为高[③]，会以不期约为真率，客以不迎送为坦夷[④]。若一牵文泥迹[⑤]，便落尘世苦海矣！

注释

①幽人：隐居不仕的人。

②笛以无腔为适：意思是吹笛只为陶冶性情，不一定要讲求旋律节奏。

③无弦：意谓有琴不弹。陶渊明有云："但识琴中趣，何劳弦上声。"

④坦夷：平坦开阔，此指平易随和。

⑤牵文泥迹：为一些烦琐的世俗礼节所拘束。

译文

一个致仕归隐的人，淡泊名利，只求适应自己清静的本性，所以喝酒时不要一味劝酒，应以尽兴为乐；下棋是为了消遣，不要对胜负耿耿于怀；吹笛是为了陶冶性情，以旋律能融汇大自然的音韵为高；弹琴只是为了休闲，以不求旋律为高雅；相遇以不期而遇为率真；客人来访要宾主尽欢，以不送往迎来最为自然。如果一旦拘泥于世俗的繁文缛节，便会落入尘世苦海而不得解脱了。

三五二

风花之潇洒，雪月之空清，唯静者为之主；水木之荣枯，竹石之消长，独闲者操其权[①]。

注释

①权：秤锤，用来称物的轻重，引申为衡量得失。

译文

风中花朵的摇曳洒脱，明月积雪的空旷清宁，只有内心清静的人才能享受。潮起潮落，草木一枯一荣，竹石的消失与生长，只有富于闲情逸致的人，才能领略大自然的千变万化，并将其掌握。

三五三

田父野叟，语以黄鸡白酒则欣然喜，问以鼎养则不知；语以缊袍裋褐则油然乐[①]，问以衮服则不识[②]。其天全[③]，故其欲淡，此是人生第一个境界。

注释

①缊yùn袍裋shù褐：形容衣着朴素。缊袍，新棉加上旧絮做成的衣服。裋褐，粗布衣服。

②衮服：官服。

③天全：即完全天然的本性。

译文

和乡间的老农闲谈，谈及黄鸡和老米酒他们就会显得兴高采烈，如果问他一些山珍海味等美味佳肴，就茫然不知；一提起粗衣布袍，他就不由得流露出高兴的表情，假如问起高官华服，他就完全不知道了。那是因为老农保全了纯朴的天性，所以他们欲望淡泊，这应是人生的最高境界。

三五四

雨馀观山色，景色更觉新妍；夜静听钟声，音响尤为清越。

译文

在雨后观赏山中景色，会觉得另有一番清新的气象；在深夜静听寺院的钟声，会觉得音质特别清亮高扬。

三五五

栽花种竹，玩鹤观鱼，亦要有段自得处。若徒留连光景，玩弄物华①，亦吾儒之口耳②，释氏之顽空而已，有何佳趣？

注释

①物华：美丽繁茂的景色。

②口耳：口传耳听，形容浅薄的学问。

译文

平日栽种花草竹木，饲养动物，也可以调剂生活和心性。假如仅仅流连风光，玩赏一些奇花异木、珍禽异兽，那不过如儒家所否定的只知浅薄学问的陋儒和佛家所批评的顽冥不化而已，哪里有什么高尚的情趣呢？

图书在版编目（CIP）数据

菜根谭译注 /（明）洪应明著；乔克译注. —北京：北京联合出版公司，2015.7（2023.8重印）
ISBN 978-7-5502-3916-6

Ⅰ.①菜… Ⅱ.①洪… ②乔… Ⅲ.①个人－修养－中国－明代②《菜根谭》－译文③《菜根谭》－注释
Ⅳ.①B825

中国版本图书馆CIP数据核字（2015）第143692号

菜根谭译注

作　　者：（明）洪应明
译　　注：乔　克
出 品 人：赵红仕
选题策划：梁明德　邵鹏军
责任编辑：王　巍
特约编辑：刘文硕
封面设计：格林文化
版式设计：格林文化

北京联合出版公司出版
（北京市西城区德外大街83号楼9层　100088）
三河市延风印装有限公司　新华书店经销
字数73千字　960毫米×640毫米　1/16　印张17
2015年9月第1版　2023年8月第3次印刷
ISBN 978-7-5502-3916-6
定价：39.00元